OBSERVATIONS

SUR

L'APPAREIL VINIFICATEUR

DE M.lle GERVAIS,

SUIVIES

DE RÉFLEXIONS SUR L'OPUSCULE

DE M.r GERVAIS.

Par F. Delavau, propriétaire.

A BORDEAUX,

CHEZ PIERRE BEAUME, IMPRIMEUR-LIBRAIRE,

RUE DU PARLEMENT, N.o 39.

1821.

OBSERVATIONS

SUR

L'APPAREIL VINIFICATEUR.

Lorsque l'auteur d'une prétendue invention s'écrie, pour ainsi dire, *fiat lux*; lorsqu'il vient nous annoncer, en parlant d'une science qui non-seulement est bien loin d'être perfectionnée, mais qui, de l'aveu des grands maîtres, est en quelque sorte au berceau : « Ce qui » restait à faire je l'ai fait, je vous apporte le complé- » ment de la science » (1); il doit être bien persuadé que ses lecteurs seront exigeans, parce qu'ils s'attendent nécessairement à se trouver portés dans le champ merveilleux des découvertes : il doit supposer, pour répondre convenablement à un aussi brillant début, que chacun cherchera dans l'ouvrage des principes et des faits nouveaux, confirmés par des expériences et des preuves sans réplique, desquelles il résulte une nouvelle théorie : dévoilant ainsi tous les mystères, dissipant tous les nuages qui jusqu'à lui avaient pu cacher la vérité aux yeux de tous les hommes avides de la connaître.

Si cet auteur n'ouvre pas de routes nouvelles, s'il ne

(1) Page 30 de l'Opuscule.

sort pas des plus anciennes limites de la science, s'il ne s'élève pas même à la hauteur où sont parvenues les connaissances acquises, si on peut dire de lui : *scripsit quod lexit*, il doit s'attendre à une critique telle qu'il convient d'en user dans l'examen des sciences positives, c'est-à-dire, sage, modérée, dans le but d'exciter de nouvelles recherches, de nouveaux perfectionnemens.

Nous espérons qu'en lisant l'opuscule de M. Gervais, on aura acquis l'intime conviction que le procédé qu'il a décrit ne peut pas procurer les immenses avantages qu'il lui suppose, qu'il n'a pas non plus fait faire un pas de plus à l'œnologie. Il nous reste à fortifier cette conviction, parce qu'il est nécessaire qu'elle soit complète, qu'elle se répande, afin qu'on sache qu'au-delà des nouvelles colonnes d'Hercule que M. Gervais paraît avoir eu la prétention d'élever, il existe encore de nouveaux mondes à découvrir et à cultiver. L'art de bien faire ou de mieux faire le vin resterait stationnaire et en arrière, comparativement à une foule d'arts auxquels dans ces derniers temps les progrès de la chimie moderne ont procuré une perfection qu'on était loin de soupçonner il y a tout au plus quarante ans.

Empressons-nous de rappeler tous les avantages du procédé vinificateur.

« 1.° On nous promet un produit de 10 à 15 pour » cent de plus dans nos récoltes.

» 2.° Des vins plus riches en esprit et en parfum, » page 14.

» 3.° Indépendamment de tous les préservatifs que » les vins possèdent (en employant l'appareil) pour » les garantir des altérations futures, ils se trouvent

» encore parfaitement mieux combinés dans leurs principes, purs de toute altération, ce qui dans cet état les rend incorruptibles : à tous ces avantages nous ajoutons encore la finesse, la supériorité du goût, et le charme du bouquet, qu'ils acquièrent par l'effet du procédé, page 73.

» 4.° La vendange la plus faible, enrichie de ce qu'elle a produit, pourra offrir, par le secours du procédé, le vin le plus délicat, le plus agréable, et peut-être le plus précieux par ses vertus et son bouquet, page 50.

» 5.° Le vin sortant de l'appareil, clarifié de lui-même par la fermentation complète, se trouve aussi vif, aussi limpide lors du décuvage, que ce que les autres peuvent le devenir par le collage et le soutirage, page 72.

» Tels sont en abrégé les immenses avantages qui résultent de l'invention la plus parfaite, la plus complète pour la fabrication des vins, page 14. »

De pareilles assertions étant appuyées de longs articles selon Rozier et Bertholon, suivant Chaptal, d'après Don Legentil, selon Mourgues, suivant le médecin Le Rousseau, il ne resterait plus aux agriculteurs de ce département, renfermant le seizième de toutes les terres cultivées en vignes dans la France, qu'à s'empresser d'acheter le droit de se servir d'un appareil avec lequel nous ne pourrons plus évidemment faire de mauvais vins. Mais il y a bien plus encore, copions l'auteur : « Je pourrais, dit-il, faire reconnaître dans nos qualités exquises des vins de Bourgogne, de Bordeaux, de la Nerthe, de l'Hermitage, etc., etc., le nectar dont

» les anciens et la fable abreuvaient leurs dieux, pendant » que nos meilleurs vins blancs et nos muscats nous offri- » raient l'ambroisie. Mais en privant le lecteur d'une des- » cription si intéressante, je ménage aux propriétaires » des vignobles privilégiés de la nature, la plus agréable » surprise que leur causera la supériorité inconnue des » vins qu'ils fabriqueront par ce procédé, pages 75 » et 76. »

Il serait aussi permis de craindre que les vins de nos grands crus de Médoc, ceux de la Bourgogne, de la Champagne, que les fameux vins de l'Hermitage ne deviennent « invendables, ne soient remplacés par des » vins ordinaires (page 3 de la circulaire) », si nous ne nous procurons pas les grands effets de la méthode de M.lle Gervais.

Plus de saveurs acides, austères, acerbes, âpres, et tous les autres mauvais goûts de terroir; plus d'odeurs désagréables, nauséabondes : tous les vins seront balsamiques et d'un parfum agréable.

Après avoir étudié avec la plus grande attention l'opuscule de M. Gervais, les détails de l'appareil vinificateur, ses fonctions, les résultats qu'il est possible d'en attendre, nous devons expliquer franchement ce que nous en pensons, et laisser les lecteurs juger lequel de l'auteur ou de nous peut avoir raison.

Ce n'est pas pour payer un tribut à la mode de la technologie, que nous emploirons les termes didactiques. On conviendra que, lorsqu'il est question de chimie agricole et de science positive, il est indispensable de se servir des nomenclatures et des termes consacrés.

Nous nous attendions que les sociétés et les nombreux comités d'agriculture auraient émis une opinion sur le procédé qui nous occupe, dans l'objet de fixer les propriétaires de vignobles ; leur silence nous a déterminé de donner quelques développemens à un examen qui, dans le principe, ne devait pas sortir du cercle d'une correspondance particulière et amicale.

Nous commençons par assurer que celui qui veut trop prouver ne prouve rien : nous ajoutons que M.lle Gervais n'a pas résolu le problême d'une parfaite vinification; que les avantages qu'elle promet sont basés sur des observations mal faites, sur des principes erronnés ; et que son procédé, comme bien d'autres, sera délaissé et oublié.

Sans appareil condensateur, sans réfrigérant, sans grands et gros tuyaux de ferblanc, sans grands vaisseaux pour recevoir le gaz acide carbonique, on peut, à beaucoup moins de frais, très-simplement, sans privilége, obtenir les avantages que peut procurer son procédé, qui consistent seulement, 1.° à éviter l'action de l'air atmosphérique qui acétifie d'abord, pourrit et finit par dessécher la superficie du chapeau de nos cuves découvertes; 2.° à empêcher une infiniment petite déperdition de liquide qui s'évapore en suivant la méthode ordinaire, sans procurer au vin plus de spirituosité; car nous soutenons qu'il ne s'évapore pas de principes essentiellement alcooliques pendant la fermentation vineuse, soit que les cuves soient closes, soit qu'on les laisse découvertes; enfin, sans conserver au vin plus de parfum ou d'arome.

Voyons d'abord si M.lle Gervais a tout le mérite de

l'invention : nous disons que non. Son procédé est une imitation de celui de M. Goyon de la Plombarie, sur la manière de faire cuver le vin. Nous avons copié dans le Journal Economique du mois de Novembre 1757, tout ce qui est relatif à la cuve proposée par cet auteur. Nous l'avons faite lithographier, et on la trouvera à la fin de notre travail.

Le moyen employé par M.lle Gervais n'est aussi que le développement d'un essai tenté dans la huitième expérience de Legentil, page 256 et suivantes de son Mémoire, édition de Jean Martel, à Montpellier, 1781; et à raison de l'extrême rareté de cet ouvrage, nous renvoyons au Dictionnaire universel d'agriculture, de Rozier, édition de 1793, volume 4, pag. 468.

Mais qu'importe l'auteur de la découverte, s'il n'en a pas fait une utile application? si l'appareil vinificateur, nouvellement proposé aux agriculteurs, procure tous les avantages que l'on nous promet? si nous devons obtenir non-seulement 10 à 15 pour cent de plus de produit, avantage immense, mais encore toutes les qualités précieuses qui doivent distinguer les vins confectionnés avec le procédé?

Occupons-nous de ce bénéfice considérable de 10 à 15 pour cent, qui certes ne serait pas trop payé par une rétribution annuelle, ou une fois payée, et qu'on nous a dit être assez modérée. Nous soutiendrons que, malgré deux ou trois attestations qui à certains égards sont évidemment fautives ou erronées, le procédé nouveau ne peut procurer un bénéfice aussi important.

Plus tard nous examinerons ces attestations, et nous osons espérer que l'on sera convaincu qu'avec la meilleure foi du monde il est très-possible de se tromper.

Tous ceux qui s'occupent sérieusement de l'œnologie, connaissent la belle expérience de Lavoisier sur un mout artificiel. En étudiant la description des moyens employés par cet homme célèbre pour expliquer l'appareil dont il s'est servi dans le but d'obtenir une fermentation vineuse; en jetant les yeux sur la gravure qui fait connaître les précautions parfaites que l'auteur avait prises pour constater tous les résultats de son expérience de la manière la plus rigoureuse, on ne pourra pas, nous le pensons, opposer la plus petite objection à la preuve que nous avons l'intention d'en déduire.

Or, sur 400 livres d'eau, 100 livres de sucre, 10 livres de levures de bière, comme ferment, Lavoisier ne trouva, à la fin de son expérience, que 13 livres 14 onces 5 gros d'eau, que le gaz acide carbonique avait entraîné en dissolution, pendant tout le temps (qu'il n'indique pas) que dura la fermentation vineuse : ce qui fait environ 2 $^3/_4$ pour cent de déperdition sur la masse fermentante.

Nous croyons que la différence du résultat de 2 $^3/_4$ pour cent obtenu par Lavoisier, avec les bénéfices promis par M. Gervais, bénéfices qui doivent être de 10 à 15 pour cent, forme une objection sans réplique contre l'appareil vinificateur.

Nous avons des expériences personnelles plus récentes à opposer.

M. Dru, qui, en 1810, a remporté un prix à la Société d'agriculture du département du Gers, nous avait indiqué, en 1818, un procédé vinificateur duquel il résultait, disait-il, une augmentation de 10 à 15 pour cent dans les produits.

Encouragés par l'espérance d'un aussi grand avantage, nous voulûmes nous rendre compte de la quotité de déperdition des liquides dans une cuve close, comparativement à une cuve découverte; nous désirions surtout connaître la nature des élémens qui s'évaporent d'une manière aériforme pendant la fermentation du mout de raisin; nous étions convaincus, malgré l'assertion de Lavoisier, qui assure que le gaz acide carbonique qui se dégage est parfaitement pur, nous pensions, disons-nous, qu'il y avait une grande dissipation d'alcool sous les formes gazeuses, parce que presque tous les auteurs œnologues depuis plus de soixante ans le prétendaient de la manière la plus positive. Il nous paraissait excessivement important d'adopter un moyen qui aurait pu éviter la déperdition d'un principe si essentiel.

Quant à l'évaporation de 10 à 15 pour cent de la masse liquide fermentante, nous ne l'avons jamais cru aussi considérable; en effet, il est évident que si la volatilisation des liquides est aussi forte, nous devrions avoir dans nos cuviers (où il existe souvent de 400 à 800 barriques de vin à la fois en fermentation) une atmosphère extrêmement humide. La toîture ou les planchers en dedans de ces cuviers, tout ce qui y réside ou demeure, devraient journellement, pendant le cuvage, attester les effets de cette humidité, si, dans l'espace de douze à vingt jours au plus que dure la fermentation de toute la récolte, il y avait une évaporation de soixante jusques à cent vingt barriques de vin. Nous pensions que cette évaporation serait remarquable, surtout le matin à l'ouverture du cuvier.

Nous ne connaissions pas, à cette époque, les expériences et les procédés de M.lle Gervais; elle ne dit pas quand elle les a essayés : l'opuscule enfin n'était pas imprimé.

Avec les conseils et les idées de M. B....., chimiste aussi habile que modeste, nous fîmes, en Médoc, sur notre propriété à Saint-Estèphe, la même expérience que propose M.lle Gervais avec son appareil vinificateur, dont par conséquent elle n'aurait pas la priorité d'invention, priorité que toutefois nous n'avons nullement l'intention de lui disputer.

Notre cuve fut nivelée, à l'herminette et au rabot, à la partie supérieure des membrures, afin qu'aucune d'elles ne fût plus élevée que celle à côté; pour plus de précaution, nous fîmes faire un gros bourrelet en toile fine, remplie de chanvre fin haché. Ce bourrelet fut cloué sur les parois supérieurs de la cuve; la couverture, qui était en fortes planches bouvetées et liées par de fortes traverses de bois de chêne, fut appuyée sur les bourrelets : ce qui déjà fermait hermétiquement la cuve. La couverture en planches fut chargée de très-fortes pierres afin de presser sur le bourrelet. Nous fîmes enfin cimenter le haut de la cuve jusques à la couverture qui débordait, de deux pouces par-tout, la circonférence de la cuve; de manière que le bourrelet fut invisible et recouvert extérieurement de ciment.

L'appareil condensateur fut placé au milieu de la

couverture. Il couvrait et fermait hermétiquement une large ouverture.

Cet appareil était en ferblanc cloué sur la couverture. Entre le ferblanc et le bois, nous avions intercalé du drap fort et fin, dans le but d'empêcher toute déperdition entre le ferblanc et les planches, et empêcher aussi l'eau d'entrer dans la cuve.

Cinq à six fois dans les vingt-quatre heures nous présentions une bougie très-mince, d'une lumière très-faible, tout autour de la partie cimentée, pour nous assurer qu'il n'y eût aucune déperdition de gaz acide carbonique par une autre voie que celle de l'appareil condensateur.

Nous pouvons affirmer qu'il n'y en eut aucune.

L'appareil condensateur était rafraîchi trois fois dans les vingt-quatre heures, avec de l'eau nouvelle et aussi fraîche que possible.

Nous faisions aboutir, par un tuyau de ferblanc, tout le gaz acide carbonique dans un grand matras ou dame-jeanne. Toutes les fois que la bougie était présentée à son embouchure, elle était rapidement éteinte.

Le thermomètre exposé à l'air extérieur, pendant les dix jours que dura la fermentation, n'a pas varié de 14 à 15 et demi-degré du thermomètre de Réaumur ; par conséquent, la température extérieure avait toujours été favorable.

La vendange avait été ramassée par un temps très-chaud : l'expérience fut faite comparativement avec une cuve découverte, suivant la méthode ordinaire du Médoc ; les deux cuves étaient remplies de quoi fournir douze barriques chacune.

Toutes les deux furent chargées, dans six heures, des mêmes quantités et des mêmes qualités; elles furent écoulées dans le même temps. Le vin était bon à décuver dans les deux cuves; néanmoins il faut convenir qu'il y avait un peu moins de vinosité, ou que le vin était moins fait dans la cuve couverte.

Nous sommes physiquement sûrs d'avoir obtenu et distillé tous les élémens qui ont pu sortir sous les formes gazeuses, comme on pourra les distiller avec l'appareil de M.lle Gervais. Nous avons recueilli de la cuve couverte, contenant douze barriques, une bouteille deux tiers, ou un litre et demi, d'une liqueur blanche, de la même nature que celle soumise par le professeur Anglada et M. Gervais à l'examen de la Chambre consultative du commerce de Montpellier.

En telle sorte que l'évaporation et le résidu de la volatilisation nous ont produit $^1/_{1600}$e environ de la masse liquide fermentante.

Nous n'avons pas analysé ce produit, parce que nous voulons en conserver une bouteille, pour juger avec le temps ce que ce liquide deviendra. Nous pouvons le montrer aux amateurs.

Jusques à présent il n'a pas offert un changement qui soit appréciable.

Le reste fut consommé par notre empressement et celui de différentes personnes auxquelles il tardait, autant qu'à nous, de pouvoir apprécier la qualité du résultat d'une expérience insolite dans nos cantons.

Nous avons rendu compte des précautions et des moyens que nous avons employés, afin de bien justifier notre assertion. Nous ne prolongerons pas au-delà le détail des observations que nous avons faites dans les diverses périodes de cette expérience comparative; mais en définitive, il nous resta physiquement démontré et prouvé;

1.° Qu'il ne se perd pas d'alcool proprement dit, pendant la fermentation tumultueuse dans les cuves; car la liqueur produite et distillée par notre appareil pendant la conversion du mout en vin, est aqueuse, d'un goût âcre, et ne marque que douze degrés bien juste à l'aréomètre de Baumé, ou deux degrés au-dessus de la pesanteur spécifique de l'eau.

Voilà pour la qualité et la densité.

2.° Que la déperdition comparative d'une cuve close, suivant le procédé de M.lle Gervais, avec une cuve découverte, est très-peu considérable; que la déperdition la plus forte provient et ne peut provenir que de la dessication de la vendange par l'action de l'air ambiant sur le chapeau de la cuve.

Voilà pour la quantité.

3.° Que cette déperdition, occasionée par l'effet de l'air ambiant, est relative au diamètre de la cuve, par conséquent à la superficie du chapeau; ainsi une cuve de vingt barriques, qui a un diamètre de six pieds, éprouvera, nous supposons, une évaporation de 4 pour cent relativement à la masse; tandis qu'une cuve de douze pieds de diamètre, qui contiendra cent barriques (et il en existe plusieurs de cette capacité), n'éprouvera qu'une évaporation d'un pour cent et au-dessous.

4.° Que cette déperdition est encore relative à la durée du séjour de la vendange dans la cuve, séjour plus ou moins long, suivant les méthodes usitées pour faire le vin, ou à raison du temps nécessaire pour que la vinification soit finie et parfaite, ou enfin est relative à la faute que peut commettre l'agriculteur, en laissant le vin trop long-temps dans la cuve découverte après cette vinification terminée.

5.° Que la nature du liquide, que l'évaporation produit sous la forme de vapeurs, ou que le gaz acide carbonique entraîne en dissolution avec lui, ne peut rien enlever à la bonne qualité du vin en lui soustraiyant des principes essentiels, puisque la liqueur obtenue par la distillation n'est, à bien dire, qu'un liquide incolore, n'ayant pas plus de spirituosité que le vin ordinaire.

Les résultats de notre expérience furent soumis, dans le temps, à M. Dru; c'était lui qui nous en avait en quelque sorte suggéré l'idée par l'assertion d'un bénéfice de 10 à 15 pour cent, qu'il attribuait à une vinification opérée à cuve close.

M. Dru nous répondit d'abord que nous nous étions trompés. Depuis, il a voulu se convaincre par lui-même; et, par sa lettre du 7 Décembre 1820, il nous envoie les détails très-circonstanciés de la double expérience qu'il a faite les vendanges dernières.

Voici la copie de la lettre :

« J'ai également exécuté, d'après l'idée que vous
» m'en avez donné, une épreuve semblable à la vôtre,
» afin de reconnaître, par un procédé que j'ai cru un
» peu plus rigoureux, la vraie quantité et la nature des
» émanations entraînées par le gaz acide carbonique,
» de même que le déficit occasioné par le dégagement

» de l'oxigène uni à ce dernier, et cela comparativement à ce même déficit en vaisseaux découverts.

» Je me fais donc un vrai plaisir de vous soumettre » cette petite expérience, pensant qu'elle vous intéressera sans doute.

» Voilà la manière dont j'ai opéré, et toujours avec » mes petits cuviers d'épreuve, que j'ai remplis un peu » moins que l'an dernier.

» Le 8 Octobre dernier, j'ai introduit dans chacun de » ces cuviers 200 liv. de raisins noirs, foulés et égrapés; » cette quantité a suffi pour remplir le cuvier jusques » au premier cercle intérieur. Ce vaisseau a été hermétiquement fermé par sa couverture. J'ai adapté et » luté, à l'ouverture que recouvre la soupape, un entonnoir renversé, dont la queue recourbée venait » s'ajuster à la partie supérieure d'un serpentin contenu » dans une pièce remplie d'eau; la partie inférieure de » ce serpentin aboutissait à l'ouverture d'un vase en » verre, destiné à recevoir le produit condensé, en » permettant néanmoins la plus libre circulation des » gaz formés.

» La température a été constamment de 9 à 9 demi-degrés pendant les quinze jours qu'a duré l'opération; » le travail opéré dans ce vase a été régulier et bien » soutenu.

» Pendant les quatre premiers jours, le produit condensé a été presque nul; du cinquième au neuvième, » la liqueur a commencé à couler goutte à goutte dans » le vase. La saveur était celle d'une petite eau légèrement saturée d'alcool, ainsi que vous l'avez reconnu » par votre épreuve. Du dixième jour au quinzième,

» que le décuvage a été fait, la continuation du travail n'a pas augmenté le volume de la liqueur reçue » d'un sixième ; en sorte que la totalité de cette liqueur, après l'appareil démonté, s'est trouvée peser » seulement.............................. « 1 once 1 gr.

» Le vin provenu du cuvier, y compris celui retiré par la pression du » marc....................................	117 l	«	«
» Excédant du poids acquis par le » cuvier, qui a été repesé..............	3	«	«
» Le marc, ou résidu, qui n'avait aucune atteinte d'acide, s'est trouvé aussi » peser, après la pression...............	57	«	«
» Par conséquent, le déficit résultant » de la dissipation des gaz carbonique » et oxygène échappés..................	22	14	7
» Total égal à la vendange employée..................................	200 l	«	«

« Le travail du vase découvert a aussi continué » pendant ce laps de temps avec assez de régularité ; » le chapeau a manifesté une odeur acide jusques au » 23 Octobre, jour du décuvage, où alors la vendange » était affaissée du quart de son élévation.

» Le vin de ce dernier vaisseau, y compris celui » provenu du pressage de la vendange, » a été de..................................	110 l	« onces.
» Le marc ou résidu acide............	59	«
	169 l	«

Report..............	169[l]	«
» Excédant de poids acquis par le cu- » vier, qui a été repesé..................	3	6
» Déficit attribué au dégagement des » gaz et à l'absorption du liquide par » l'action de l'air.........................	27	10
» TOTAL ÉGAL..........	200[l]	«

» Le diamètre du cuvier découvert, qui ne contenait environ qu'un cinquième d'une barrique bordelaise, était de 18 pouces.

» Il résulte donc de cette double expérience, qu'on » peut évaluer la faible portion du liquide entraîné » par le gaz, à la une 1500me partie de ceux retirés » par la fermentation close. »

Ces expériences ont été faites sans prétention, dans le seul but d'augmenter la science œnologique, sans projet de solliciter ni brevet d'invention ni privilége; ainsi nous pouvons assurer que le problême de la quantité de liquide qui s'évapore, qu'il est possible de condenser pendant la fermentation et de faire rentrer dans la masse vinaire; que le problême de la qualité de ce liquide, quelque soit d'ailleurs le mode ou l'appareil condensateur, sont bien définitivement résolus; que les résultats ne répondent nullement aux promesses de M. Gervais.

Il existe cependant une objection à laquelle nous devons nous attendre. On nous fera observer que l'expérience de Lavoisier a produit une évaporation de liquide, de 2 ³/₄ pour cent environ, sur la masse qu'il a soumise à la fermentation vineuse, et que nos deux expériences n'ont donné, terme commun, qu'un 1550me des masses livrées à la fermentation : d'où il résulterait que nos expériences n'auraient pas été faites avec les mêmes précautions et la même rigueur que celle de Lavoisier.

Nous répondons que, dans les cuves ordinaires en bois, couvertes suivant nos procédés, et suivant le procédé de Mlle Gervais, il existe une grande partie de la cuve recouverte par un plafond ou plancher en bois, que les vapeurs aqueuses et le gaz acide carbonique vont d'abord frapper avant de se rendre dans l'appareil condensateur, qui sert, nous dit-on, à les condenser, et successivement à laisser sortir les uns et faire rentrer les autres dans la cuve. Une assez grande partie des vapeurs et du liquide entraînés par le gaz carbonique, s'attache au plafond de la cuve vraisemblablement [car nous avons trouvé la couverture intérieure de notre cuve d'expérience un peu humide, les clous qui la liaient très-rouilleux (1)], ce qui diminue le résultat du produit condensé dans nos cuves, comparativement à l'expérience de Lavoisier, expérience qui a été faite dans un matras de verre qui n'offre aucun point d'adhérence aux vapeurs et à la partie du liquide entraînée par les gaz. Comme le procédé de Mlle Gervais ne doit pas servir à des expériences chimiques dans un laboratoire, mais à une manipulation en grand, avec les mêmes vaisseaux que ceux que nous avons employés, nous soutenons que son procédé ne produira pas d'autres résultats que ceux que nous avons obtenus.

---

(1) Couverts de gouttelettes de liquide.

En effet, indépendamment de ce que l'expérience de Lavoisier a été faite dans un appareil hermétiquement clos comme les nôtres, tous les produits de la fermentation ont été rigoureusement recueillis, quelle qu'ait été leur nature. Tout le gaz acide carbonique qui s'est développé, a été absorbé par une grande masse d'alkalis purs que contenaient deux grands vases dans lesquels, par suite des lois d'affinité chimique, le gaz acide se combinait et se dépouillait entièrement, ce qui est évidemment impraticable dans une grande manipulation : il est plus que probable que l'appareil condensateur, soit celui de Mlle Gervais, soit tout autre, ne dépouille pas chimiquement toute la partie liquide qu'entraîne le gaz acide carbonique, comme pourrait le faire une masse relative et convenable d'alkalis.

Telles sont les causes de la différence du produit de nos expériences avec celle de Lavoisier ; par conséquent, avec les résultats que l'on pourra obtenir de l'appareil de Mlle Gervais.

Pour achever de convaincre que M. Gervais promet plus qu'il ne peut tenir, et prouver aussi qu'il attribue à son appareil condensateur un bénéfice auquel il ne concourt que très-faiblement ; bénéfice très-peu considérable, qu'on obtiendra toujours en couvrant les cuves ; bénéfice, en un mot, qui ne s'élevera jamais de 10 à 15 pour cent, il ne faut que lire son opuscule, et en déduire les conséquences qui en dérivent naturellement.

M. Gervais prétend, page 37, « qu'au bas du chapiteau condensateur, dans la partie intérieure, est » pratiquée une rainure qui a une petite échancrure en » dedans, et un robinet en dehors. »

Page 39 : « Que si on désire connaître et juger la » qualité de la liqueur condensée dans le chapiteau, » on peut se satisfaire par le petit robinet qui est placé » en dehors, et qui sert à cet usage. »

Nous disons, que si la rainure intérieure et le robinet peuvent amener au-dehors toute la liqueur condensée qui coule le long des parois intérieurs du chapiteau, on pourra, comme on aurait pu, non-seulement juger la qualité, mais encore connaître toute la quantité de la liqueur susceptible de se condenser par l'appareil pendant la fermentation.

Par conséquent toute la quantité de la liqueur condensée, qui coule par le robinet de l'appareil, doit donner la mesure exacte du bénéfice que peut procurer le procédé. Nous persistons à dire que la quantité de la liqueur condensée par l'appareil, en supposant qu'il n'y ait pas le plus petit dérangement, le plus petit mécompte, ne sera pas plus considérable que la quantité que nous avons obtenue nous-mêmes.

En effet, en lisant la note, page 80 de l'Opuscule, on voit que le robinet de l'appareil employé par le docteur Barreau fut cassé le troisième ou quatrième jour de la condensation : « de sorte que tout le pro- » duit de l'appareil, se perdit dans la terre glaise sur » le couvercle de la cuve, et fut dévoré par l'action » de l'atmosphère pendant douze à quinze jours.

M. Gervais n'a pas dit quelle était la capacité de la cuve à laquelle était arrivé cet accident : le docteur Barreau n'a pas donné d'attestations ; mais quel est celui qui doutera que le produit du liquide perdu était très-peu considérable, pour qu'il ait été absorbe par la terre glaise, le couvercle de bois, et finalement par l'action de l'air ambiant?

Comment M.lle Gervais n'a-t-elle pas constaté par ses essais, et fait constater par ses attestans avec la plus grande précision, toute la quantité de liqueur condensée que produit son appareil relativement à la masse soumise à la fermentation vineuse?

C'est que la quantité de cette liqueur, condensée par l'appareil, quantité dont personne ne parle, même par approximation, est très-petite, et que cette preuve que nous réclamons aurait impliqué contradiction avec le prétendu bénéfice de 10 à 15 pour cent.

Comment MM. Girard, Lacroix et Vallant, seuls attestans d'un fait aussi important, aussi décisif dans l'intérêt du procédé, ne nous ont-ils pas dit :

« Nous avons mis tant en poids ou contenance de » mout, tant en poids ou volume de marc également » foulé dans deux cuves, l'une close suivant le pro- » cédé, l'autre découverte selon la méthode ordi- » naire : pendant tant de jours qu'a duré la fermen- » tation des deux cuves, toutes choses étant parfaite- » ment égales, nous avons laissé couler toute la liqueur » qui s'est condensée dans le chapiteau de la cuve » close, et nous avons recueilli telle quantité de liqueur. » Donc l'appareil nous a fait gagner tant pour cent sur » l'évaporation de la cuve close, comparativement à la » cuve découverte; nous avons pesé ensuite la liqueur » à l'aréomètre de Baumé ou de Cartier, elle a mar- » qué tant de degrés. »

S'ils avaient procédé d'après ces bases infaillibles, évidemment ils auraient trouvé que la quantité de liqueur obtenue par le robinet ne pouvait couvrir entièrement en définitif la différence du liquide qu'ils auraient trouvé en moins dans la cuve découverte.

Dès-lors ils se seraient convaincus que cette différence en moins, dans la cuve découverte, ne pouvait pas être récupérée par l'appareil; ils auraient cherché la cause de cette différence, ils auraient voulu se rendre compte des motifs qui mettaient obstacle à l'équation des quantités de liquide des deux cuves comparatives; ils auraient vu nécessairement, comme nous, que le déficit du liquide dans la cuve découverte provenait de la dessication du chapeau, laquelle finit par avoir lieu à raison de l'action de l'air ambiant sur la superficie; ils auraient reconnu qu'en empêchant, par un moyen quelconque, l'action de l'air sur le chapeau, en le couvrant, ils auraieut eu, sans appareil, les mêmes résultats, la même quantité de liquide que dans une cuve close par le procédé.

Comment M. Gervais, en soumettant à la chambre consultative du commerce, à Montpellier, plusieurs échantillons du liquide condensé, ne l'a-t-elle pas appelée à constater, à vérifier la quantité relative de liquide que condense l'appareil de Mlle sa sœur?

Pourquoi les négocians notables de la chambre consultative ont-ils dit (entre deux parenthèses), « que » Mlle Gervais évalue de 10 à 15 pour cent, en aug- » mentation de produit, la quotité du bénéfice que pro- » cure son appareil? » Cependant les attestans n'étaient pas très-loin; il était très-facile d'obtenir d'eux toute espèce de renseignemens qui auraient été dubitatifs, ou péremptoires, ou finalement destructifs de l'illusion offerte par le procédé. Il n'est pas difficile de concevoir tout l'intérêt que devait avoir M.lle Gervais de prouver à la Chambre consultative, que le bénéfice résultant uniquement du fait de son appareil s'élevait de 10 à 15 pour cent sur la masse soumise à la fermentation.

Ainsi, les propriétaires attestans, en reconnaissant une différence quelconque plus ou moins forte, car on ne trouve pas dans les détails d'aucune de leurs expériences une exactitude rigoureuse, ont préféré attribuer cette différence à l'appareil, plutôt que de chercher les diverses causes qui l'ont produite.

Ainsi la Chambre consultative n'a pas été convaincue; on ne lui a pas prouvé, d'une manière évidente, l'assertion du bénéfice prétendu, comme résultant du fait de l'appareil : elle a cru plus sage de s'en rapporter à ce que prétendait M.lle Gervais, sans approuver comme sans rejeter un fait qui ne lui a pas été suffisamment justifié.

Dans l'absence de preuves évidentes et d'expériences exactes du plus bel avantage prétendu du procédé vinificateur; nous disons plus, dans l'impossibilité physique d'en produire jamais, il nous est démontré, d'après deux expériences faites avec le plus grand soin, avec les mêmes moyens employés ou égaux, qu'il est tout-à-fait inexact d'avancer que l'appareil vinificateur procure seul, par suite de ses dispositions matérielles, un bénéfice de 10 à 15 pour cent sur les anciennes méthodes usitées; que le bénéfice qui en résulte est très-minime; qu'il ne peut et doit être attribué presque en entier qu'à l'obstacle que la couverture, qu'une couverture quelconque interpose entre le chapeau et l'air ambiant.

Nous affirmerons donc, que la quantité et la nature du liquide condensé ne valent pas la peine de faire les frais de l'appareil; que l'on peut se procurer les mêmes avantages par plusieurs moyens économiques, pourvu qu'ils empêchent l'action acétifiante et desséchante de l'air atmosphérique sur le chapeau de la vendange.

Pour s'en convaincre, on pourra remplir une cuve avec toutes les combinaisons de l'appareil, en ayant soin de laisser un espace vide dans l'intérieur, et suffisant pour empêcher au plus fort de son ascension le chapeau de déranger et déluter la couverture.

Secondement, on pourra remplir une seconde cuve sans appareil, la couvrir par un plancher bouveté, qui sera cimenté comme la première cuve. On aura soin de ne pas la remplir plus que la cuve close, dans le but que nous venons d'indiquer; on établira une petite ouverture au plancher pour le dégagement du gaz acide carbonique : nous osons garantir que, tout étant d'ailleurs parfaitement égal, ces deux cuves produiront les mêmes résultats quant à la quantité, à une différence qui ne vaut pas la peine d'être prise en compte, eu égard à la masse quelle qu'elle soit.

Nous allons plus loin encore : nous osons garantir que la qualité du vin des deux cuves, toutes choses étant parfaitement égales, ne présentera aucune différence.

Cette dernière affirmation nous conduit naturellement à la seconde promesse de M.lle Gervais, promesse très-importante : on nous assure que le vin fait avec ce procédé sera plus généreux, qu'il contiendra plus d'alcool.

Cette assertion de la volatilisation des élémens spiritueux, pendant la cuvaison, en gaz aériformes, a été adoptée par M. Gervais.

La promesse qu'il fait que le vin manipulé avec son procédé sera plus spiritueux, fournira plus d'alcool, dont il évite la déperdition qu'il reporte dans la masse vinaire, par l'effet du chapiteau condensateur, cette promesse mérite d'être discutée.

Il est certain du moins que cette évaporation de gaz alcoolique est appuyée de l'opinion d'une foule d'auteurs, tels que Goyon de la Plombarie, Bidet, Maupin, Mourgues, Bertholon, Legentil, Rozier, et enfin par M. Chaptal, qui prétend, on ne sait pourquoi, page 77 du second volume de son ouvrage de l'Art de faire le vin, qu'il croit être le premier à faire connaître cette vérité; à l'appui il avance : « Le gaz acide » carbonique qui se dégage des vins, tient en dissolu» tion une portion assez considérable d'alcool; et page » 63 : Le libre contact de l'air atmosphérique occa» sione une grande déperdition de principes en alcool » et arome. » Voyez aussi pages 104 et 135 de l'édition de 1819.

Ainsi, on peut dire que toute l'ancienne école œnologique a adopté l'opinion qu'il existe pendant la fermentation une grande déperdition d'élémens alcooliques.

Nous disons que cette opinion est un préjugé, que cette déperdition est physiquement impossible. Notre assertion étant à peu près nouvelle, et devant par conséquent paraître très-téméraire, il devient essentiel de la justifier en examinant et discutant, les faits à la main et avec le secours des véritables principes, la question de savoir si, pendant la fermentation tumultueuse, et jusques au moment où le vin est fait, par conséquent dans la nécessité de le décuver, il s'évapore, ou s'il se volatilise une portion considérable de principes spiritueux que la fermentation a développés et créés par son travail et pendant sa durée.

La nouvelle école de chimie ne paraît pas s'être spécialement appliquée à résoudre ce problême.

Il convient cependant d'établir les faits et les opinions que l'on trouve dans les auteurs, afin de pouvoir juger avec plus de connaissance de cause.

Lavoisier dit que l'appareil dont il s'est servi pour son expérience sur la fermentation vineuse et ses produits, lui laissait la faculté non-seulement de déterminer la qualité et la quantité des gaz, à mesure qu'ils se dégageaient, mais encore de peser chacun des produits séparément.

Il prétend que le gaz qui se dégage pendant la fermentation, est du gaz acide carbonique, et que lorsqu'on le recueille avec soin, il est parfaitement pur, exempt de mélange de toute autre espèce d'air ou de gaz.

« Ce gaz acide carbonique, dit-il, entraîne avec lui » une portion assez considérable d'eau, qu'il tient en » dissolution. » Il a vérifié une quantité de 13 livres 14 onces 5 gros, sur une masse de 510 livres.

Ainsi, Lavoisier qui a pesé et analysé tous les produits de la fermentation vineuse, n'a trouvé que de l'eau, et non pas de l'alcool, dans le liquide tenu en dissolution et entraîné par le gaz acide carbonique.

Thenard a répété l'expérience de Lavoisier; il dit, Annales de chimie, tome 46 : « En réunissant la quan-
» tité d'acide carbonique d'alcool de matières extrac-
» tives de résidu obtenu, on trouve, à un onzième
» près, la quantité de matière qui les a produit; *cette*
» *perte doit être attribuée à l'eau que contient le sucre,*
» *et n'est nullement due à l'alcool entraîné par l'acide*
» *carbonique; je m'en suis convaincu en recevant plus*
» *de trente livres de ce gaz dans la potasse caustique.*
» *Par la distillation et rectification, je n'ai retiré que*
» *quelques grammes de liqueur, dont la saveur alcoo-*
» *lique était si peu marquée qu'on ne pouvait la dis-*
» *tinguer.* »

Ainsi Thenard n'a obtenu, des élémens entraînés par le gaz acide carbonique, qu'une liqueur dont la saveur alcoolique était si peu marquée qu'il ne pouvait la distinguer.

Fourcroy dit : « C'est enfin de l'acide carbonique
» pur, entraînant avec lui de l'eau et un peu de vin,
» même en dissolution.

» C'est à une portion de vin en vapeurs, qu'entraîne
» en dissolution le gaz acide carbonique, et surtout à
» la fin de son dégagement, qu'est due la propriété qu'il
» a, lorsqu'on le dissout dans l'eau, de se convertir en
» vinaigre, suivant l'observation intéressante de M.
» Chaptal. »

Ainsi, il est évident que Fourcroy n'a pas fait d'expériences personnelles, et que son opinion a été formée sur les faits avancés par Lavoisier et Chaptal, faits qu'il a cherché à concilier, sans en vérifier aucun.

Nous devons dire que nous avons cherché, par divers

essais, à réaliser cette dernière expérience enseignée par M. Chaptal, et nous n'avons jamais pu obtenir autre chose qu'une eau acidule, qui ne s'est point changée en acide acétique : peut-être n'avons-nous pas bien opéré, peut-être aussi M. Chaptal a-t-il adopté le résultat qu'il a annoncé, sans l'avoir expérimenté lui-même.

Nous verrons bientôt quelle est la quantité d'alcool que peut fournir la condensation de tous les gaz qui se sont volatilisés pendant la fermentation d'une cuve de douze barriques, et l'on jugera facilement que cette quantité est si petite, qu'il n'est pas étonnant que des vases remplis d'eau pure, exposés simplement au-dessus du chapeau de la vendange pendant deux ou trois jours, n'absorbent pas assez de principes alcooliques pour fournir un assez bon vinaigre.

Nous croyons nécessaire de retracer ici les détails de l'expérience de Don Legentil, qui paraît être le premier qui ait eu l'idée de concentrer et recueillir l'évaporation du gaz pendant la fermentation.

Il se servit d'une cloche de verre qu'il posa sur le chapeau de la vendange, afin de parvenir à la condensation des gaz.

Laissons parler l'auteur : « Les gouttelettes attachées » aux parois intérieurs de la cloche étaient claires, » douces et sucrées, le quatrième jour de la fermen- » tation.

» Le cinquième jour, la liqueur était douce et miellée.

» Le même jour, la liqueur condensée avait une » saveur assez semblable à celle d'une petite eau-de- » vie, quiprécè de l'eau-de-vie dans une distillation :

» en l'avalant, et après l'avoir avalée, cette saveur a dis-
» paru ; je pense donc avoir pris l'odeur pour la saveur.

» Le même jour, le vin aurait du être tiré de la
» cuve : il était fait. Le vin laissé dans la cuve devient
» très-dur, très-acerbe.

» Le sixième jour, la liqueur condensée avait une
» odeur agréable spiritueuse, comme une légère odeur
» d'esprit-de-vin ; elle est claire, transparente, et n'a
» paru avoir aucune saveur.

» C'est donc dans le maximum de la fermentation et
» dans son décroissement, que cette odeur d'esprit-de-
» vin se fait particulièrement sentir ; et cela ne doit pas
» étonner, puisqu'il y a dans ce temps plus d'esprit-de-
» vin formé qu'auparavant. »

Ainsi, Legentil déclare qu'il a trouvé une odeur spiritueuse qu'il croit avoir prise pour la saveur alcoolique.

Cette expérience et celles que nous avons citées forment le complément de tout ce qui a été fait et écrit sur la question qui nous occupe.

Il est temps, avant de nous occuper de l'examen de la liqueur soumise à la Commission administrative du commerce de Montpellier, et des résultats de notre expérience, d'établir les principes les mieux reconnus et avoués, qui régissent et décident le problême dont la solution est importante pour l'œnologie.

Nous dirons, 1.° que l'évaporation des gaz alcooliques est impossible dans les premiers jours de la fermentation ; 2.° que les vapeurs alcooliques qui s'élèvent à la fin de la fermentation, ou que le gaz acide carbonique entraîne lorsque le vin est à peu près fait, donnent un si petit résultat, qu'il ne mérite pas d'être pris en compte.

Le mout du raisin oxygéné a une température de 12 degrés jusques à 30 degrés; et mis en ébullition, il ne donne que de l'eau pour produit.

Il est donc démontré que l'alcool n'est pas plus formé dans le mout du raisin, qu'il n'est formé dans les mouts artificiels que Lavoisier et Thenard ont composés, et dans le mout composé d'après les bases indiquées dans l'expérience de M. Chaptal, page 61, 2.e vol., édition de 1801.

Il est démontré aussi que la fermentation vineuse n'a pour but que la décomposition de la partie sucrée qui existe dans le mout du raisin, et pour résultat que la création de deux élémens nouveaux, le gaz acide carbonique qui s'évapore, et l'alcool qui reste plus ou moins abondant dans le vin.

Par conséquent, il est physiquement impossible que l'alcool qui n'est pas formé dans le mout, qui n'est que préexistant, puisse s'évaporer avant que les lois de la nature qui tendent à le composer, se soient toutes accomplies.

Nous savons tous qu'au fur et mesure que la fermentation ou le travail fermentatif s'avance, que la décomposition de la partie sucrée s'achève, par conséquent que l'alcool se compose; la chaleur, la température du liquide diminue et s'abaisse dans la cuve au point de tomber, dans nos climats, au niveau de la chaleur de l'air extérieur, et même au-dessous.

La chaleur du liquide, dans sa plus grande intensité, ne s'élève pas à plus de 24 degrés, ce qui est très-rare, ce qui n'est pas nécessaire pour une parfaite vinification, laquelle se réalise ordinairement au-dessous de 20 degrés du thermomètre de Réaumur.

Poitevin assure avoir constaté une chaleur de 28 degrés trois quarts. M. Chaptal dit avoir vu le thermomètre s'élever à 27; mais nous ne faisons pas le moindre doute que ces vérifications ont été faites, non pas dans le liquide, mais dans les parties solides qui composent le chapeau, dans lesquelles la chaleur finit par être beaucoup plus élevée que dans le liquide, par des causes qui n'ont pas été suffisamment appréciées, et sur lesquelles nous reviendrons un jour.

Quoiqu'il en soit, nous savons que l'alcool qui est tout formé dans le vin, ne se volatilise d'une manière sensible dans la chaudière, qu'à une chaleur de 75 degrés au moins.

Enfin, dès que l'alcool est formé dans le liquide, dès que le mout est devenu vin, il faut s'empresser de le décuver, si on ne veut pas le laisser gâter par un séjour inutile, sans fruit, dans la cuve où il ne peut plus rien acquérir.

Comment peut-on prétendre que l'alcool s'évapore avant sa formation, pendant sa formation, à une température qui varie de 51 à 65 degrés au-dessous de celle nécessaire pour le volatiliser quand il est tout formé ?

Comment peut-on dire que l'alcool est abondamment entraîné en dissolution par le gaz acide carbonique, au point d'opérer une grande évaporation, une déperdition considérable, tandis que de tous les élémens liquides l'alcool est un de ceux avec lequel le gaz acide carbonique a le moins d'affinité ?

Si donc l'alcool n'est pas formé dans le mout, s'il faut un degré de chaleur, tel que les cuves ne peuvent jamais l'offrir, pour volatiliser l'alcool en gaz aériforme, si l'alcool n'a que très-peu d'affinité avec le gaz acide carbonique, si on ne prouve pas que ce gaz l'entraîne en dissolution, et qu'on ne fasse que le supposer; si au contraire toutes les expériences qui ont été faites dans l'objet général ou dans le but unique de s'assurer quelle était la nature des gaz qui s'évaporent, et la quotité des parties spiritueuses qui se perdent pendant la fermentation; si toutes ces expériences n'ont pas produit d'alcool, ou une si petite quantité qu'il ne vaut pas la peine de s'en occuper, il faudra bien convenir que l'assertion de M. Gervais, sur le prétendu avantage de son procédé vinificateur, est basée sur un système complètement erronné; que son appareil condensateur perd tout le mérite qu'il lui attribue; que son appareil ne ramène pas les prétendus gaz alcooliques dans la masse vinaire, puisqu'il n'y a pas, ou pour ainsi dire, aucune espèce de déperdition ou de volatilisation de principes spiritueux pendant la vinification.

Laissons encore la Chambre consultative du commerce de Montpellier s'expliquer sur l'expérience que M. Gervais lui a soumise, et nous réduirons enfin cette question intéressante à ses derniers termes.

« La liqueur, recueillie pendant les premiers jours » de la fermentation, n'est qu'une eau légèrement » plombée, portant une saveur vulgairement désignée » dans le commerce sous le nom de goût de terroir.

» Mais celle extraite dès le cinquième jour avait » acquis une teinte jaunâtre, une saveur forte et légè-

» rement anizée, indiquant la présence de principes » huileux, alcooliques et aromatiques, déjà développés » dans la cuve par la chaleur qui décide la formation » de l'alcool et la dissolution de l'extractif résineux. »

Discutons un instant les conséquences qu'il faut tirer de cet examen.

La première liqueur était donc de l'eau; la qualité reconnue d'être légèrement plombée, était due au ferblanc, que la liqueur en coulant le long des parois du chapiteau s'était appropriée.

Successivement la liqueur est devenue jaunâtre, ce qui provient de l'oxidation du ferblanc dont elle s'est saturée; elle indique aussi la présence de principes alcooliques : ainsi, pas d'alcool proprement dit.

« Le troisième échantillon, extrait de l'appareil vers » le dixième jour (et certes, dans le midi, le vin devait » être fait ou bien près de l'être), présente une teinte » jaunâtre très-forte, avec une telle saturation des subs- » tances indiquées ci-dessus, que la liqueur porte le » caractère d'une anizette grossière et âcre. »

Ainsi, tous les échantillons produits par M. Gervais et le professeur Anglada, délégué de la Chambre consultative, n'ont donc offert que la présence et la saturation de principes alcooliques.

Cette saturation, expression qui n'est pas définie, qui n'est que relative; cette saturation a été si faible, que ni M. Gervais, ni le professeur Anglada, ni même la Chambre consultative composée de négocians faisant un grand commerce d'eau-de-vie ou esprit, pas un d'eux n'a eu l'idée de s'assurer de la pesanteur spécifique des échantillons, et de les soumettre à l'épreuve d'une distillation, pour justifier non - seulement du degré de saturation, mais de la quantité positive et absolue d'alcool qui pouvait s'y trouver.

Nous le demandons : si la liqueur eût été alcoolique, l'intérêt de M. Gervais, l'expérience du professeur de chimie, la curiosité, l'impartialité des membres de la Chambre, leur auraient suggéré la pensée de vérifier la densité du liquide, et son produit à la distillation.

Comme nous l'avons dit, notre expérience nous a fourni un litre et demi de liqueur.

En ne prenant pas en compte tous les élémens étrangers qui peuvent augmenter sa densité, nous avons dit que cette liqueur pèse juste douze degrés à l'aréomètre de Baumé.

La pesanteur spécifique de cette quantité de liquide, à raison de 12 $^{81}/_{100}$ d'alcool pur, contient 189 grammes d'alcool en poids, ce qui égale 15 centilitres, soit environ un demi-verre d'alcool pur, ou un verre d'eau-de-vie à 19 $^{1}/_{2}$ degrés, qui répond à 51 pour cent de l'alcool pur.

Ce produit total de la liqueur condensée égale le produit en alcool d'une égale quantité de vin de la cuve d'expérience.

C'est-à-dire, qu'un litre et demi du vin de la cuve d'expérience nous a rendu la même quantité d'eau-de-vie.

Donc, et inévitablement, le résultat du procédé et de l'appareil vinificateur, est d'économiser un litre et demi de vin sur 2736 litres, ou, quoique ce soit, une bouteille deux tiers de vin sur 3000 bouteilles.

Les proportions alcooliques du liquide ou de la

liqueur obtenue par l'appareil, étant les mêmes que celles qu'on obtient d'une pareille quantité de vin, il est de toute évidence que l'évaporation dans l'ensemble de ces phases s'est faite dans les proportions ordinaires et naturelles du vin fait; par conséquent il faut conclure que le bénéfice produit par l'appareil égale un litre et demi de vin sur 2736, dont toute la différence existe dans la couleur : notre liqueur étant incolore, parce qu'elle est produite par la volatilisation.

Ainsi, il n'y a pas d'évaporation spécialement alcoolique, mais évaporation d'un liquide égal en richesses spiritueuses au vin qui l'a produite, mais sans parties colorantes.

Nous aurions soumis à une analyse rigoureuse toute la liqueur distillée de notre cuve d'expérience, si nous ne voulions la conserver pour justifier de nos assertions que nous croyons sans répliques, et qui, nous l'espérons, détruiront sans retour un préjugé qui a nui infiniment aux progrès de l'art de faire le vin.

Or, nous demandons à présent si le procédé de Mlle Gervais, sur une cuve de quatre muids, ce qui équivaut à 12 barriques de Bordeaux, n'épargne ou ne fait pas bénéficier une quantité plus forte de principes alcooliques que ne peut en fournir un litre et demi de la même cuve, c'est-à-dire, un verre d'eau-de-vie à 19 $^1/_2$ degrés. Maintenant, si la quantité de liquide qu'on peut faire rentrer dans la masse vinaire n'équivaut qu'à $^1/_{1550}{}^e$ de cette même masse, à quoi sert l'appareil? soit dans l'objet d'empêcher la volatilisation prétendue de gaz alcoolique, puisqu'elle n'a pas lieu; soit dans le but de réintégrer dans la cuve un liquide dont la quantité est excessivement petite?

Avons-nous le droit de dire que tout ce qui restait à faire n'est pas fait, et que M. Gervais ne nous a pas porté le complément de la science?

Cependant on nous objectera que l'auteur de l'opuscule, et les pièces justificatives, affirment que le vin confectionné avec le procédé est plus corsé, plus spiritueux que celui fabriqué dans la cuve découverte.

Un pareil avantage, s'il existe, ce que nous ne croyons pas du tout, gît en fait : comment la Chambre consultative ne s'est-elle pas mise en mesure de constater physiquement la preuve de cette prétendue supériorité?

Comment M. Gervais, page 89 de l'opuscule, n'a-t-il pas acheté de MM. Blanc et Sapte (qui n'ont donné aucun certificat, aucune attestation) une petite quantité de leur vin du Pignan, qui cependant avait été essayé par des bouilleurs, vin qui cependant donnait une grande flamme bleue? Comment M. Gervais n'a-t-il pas vaincu l'obstination de ces agriculteurs dans le dessein de garder ce vin pour leur provision, en recevant d'eux, en achetant fort cher, s'il le fallait, deux bouteilles de vin de chaque espèce, avec lesquelles on aurait pu, par la distillation, constater irrécusablement que le vin fait avec l'appareil était plus spiritueux, contenait plus d'alcool que celui qui sortait de la cuve traitée suivant la méthode ordinaire. Si MM. Gervais et Anglada, et les membres de la Chambre consultative, avaient voulu encore acquérir la preuve convaincante que le vin du procédé était plus corsé, plus spiritueux, après avoir pris toutes les précautions nécessaires en pareil cas avant l'épreuve, ils pouvaient en avoir la preuve physique très-facilement sans distillation ; ils pouvaient tout simplement peser avec un œnomètre quelconque (quoiqu'il n'y en ait pas un de juste), comparativement les deux vins faits dans les deux cuves d'expériences, après que toute fermentation vineuse aurait été finie dans l'une comme dans l'autre. Les deux vins ayant été confectionnés avec un mout parfaitement égal, sans aucune addition, avec les mêmes élémens, les mêmes circonstances, l'appareil excepté, ces deux vins auraient présenté infailliblement, d'après les lois hydrostatiques, à l'œnomètre quel qu'il fût, les mêmes obstacles à la pénétration de l'instrument; par conséquent, tout étant égal, sauf les effets prétendus du procédé, on aurait reconnu s'il y avait une différence dans la densité des deux vins; et dans le cas d'une différence, on aurait employé le moyen de la distillation pour la préciser.

Dans les sciences positives un fait prouvé physiquement vaut mille fois mieux que toutes les assertions sans preuves.

Au nombre des pertes que les auteurs œnologues attribuent à la chaleur et au mouvement occasionés par la fermentation tumultueuse, il ne faut pas oublier la dissipation de l'arome du vin qui, nous assure-t-on, est très-considérable suivant le procédé ordinaire. M.r Gervais prétend que l'appareil condensateur conserve tout l'arome du vin.

M. Chaptal, page 63, seconde édition, et 104 de la dernière, a adopté l'opinion qu'il y a perte de parties aromatiques pendant la fermentation, soit par la chaleur qui les dissipe, soit par le gaz acide carbonique qui les entraîne dans un état de dissolution absolue.

Il y a très-peu de questions plus ardues que celles du bouquet des vins : nous n'avons pu découvrir aucun ouvrage qui ait traité à fond la théorie des odeurs, qui l'ait même ébauchée.

Nous ne parlerons donc de l'arome du vin que d'après des observations faites avec toute l'attention dont nous sommes capables ; mais nous convenons que le flambeau des faits physiquement démontrés nous échappe presque des mains.

Tout ce que nous savons de plus positif sur les odeurs, c'est leur incroyable divisibilité, leur excessive diffusion, l'impondérabilité des atomes qui les constituent ; car ils sont plus légers que l'air le plus pur et que les gaz les plus volatils.

Comme les fleurs odorantes, et même comme la plupart des fruits dont l'arome se développe entièrement au moment de leur parfaite maturité réunie à leur coloration, les raisins rouges n'ont pas une odeur spéciale qui leur soit propre, qui soit plus prononcée dans le midi que dans le nord de la France. Nous en exceptons quelques cépages dont les raisins sont le plus généralement de couleur blanche, comme ceux de la famille des muscats, des sauvignons.

Aucune espèce de plant de vigne rouge ne produit dans tous les terrains le même arome dans les vins qui en proviennent.

On a remarqué qu'un plant de vigne quelconque conserve beaucoup mieux son goût particulier que son arome. Il y en a que, sauf la maturité, on reconnaît par-tout au goût.

Une longue expérience a prouvé que tel cépage, cultivé dans les cantons privilégiés par leur bouquet, fournit un vin plus aromatique que tel autre, et successivement.

Par conséquent, il existe des espèces qui, toutes choses égales, comportent plus d'arome les unes que les autres.

Cependant, lorsque ces espèces de plants qui fournissent l'arome le plus abondant, le plus agréable, sont cultivées dans un terrain où les vins sont privés de ce caractère distinctif, elles n'y portent point les qualités aromatiques qui paraissent motiver la préférence de leur culture dans les cantons dont ils font la richesse.

Par contre, un cépage qui ne produit que des vins communs sans agrément dans la généralité des terrains, transporté et cultivé dans les crus privilégiés, y fournit un vin plus aromatique que ne peut produire la meilleure espèce cultivée dans des terres qui ne fournissent que des vins communs (1).

Ainsi, les espèces qui produisent les vins les plus distingués par leur bouquet dans les fonds graveleux et siliceux du Médoc, ne conservent pas cette vertu dans des terrains différens, quoique souvent très-rapprochés les uns des autres.

Les cépages fins de la Bourgogne, complantés aux environs de Paris dans la Sologne, ne fournissent pas des vins qui aient le plus petit rapport avec l'arome des

---

(1) Dans le même clos il existe des anomalies de qualités générales et d'aromes, comme dans le clos Vougeos.

grands vins de Bourgogne. L'arome des vins ne se développe pas également tous les ans : les vins de 1807, en Médoc, quoique bons, étaient remarquables par l'absence du bouquet ordinaire qui les caractérise.

Tandis que telle fleur, la rose à cent feuilles par exemple, ne varie pas d'odeur, si ce n'est par une intensité plus ou moins forte, quel que soit le terrain où elle végète, et sous des degrés de latitude très-éloignés;

Tandis que cette intensité d'odeur, cette énergie de facultés odorantes paraît être attachée aux climats chauds : d'où il résulterait que les vins du midi devraient être plus aromatiques que ceux qui se récoltent beaucoup plus au nord.

L'expérience prouve que les mêmes cépages n'ont pas le même arome par-tout; qu'ils produisent des vins extrêmement différens par leur arome : elle prouve enfin, que les vins récoltés dans les climats les plus chauds sont bien loin d'être traités plus favorablement que d'autres vins recueillis sous des degrés de latitude plus nord.

Le bouquet des vins est donc un accident, un jeu de la nature; il dépend donc du terrain où la vigne est cultivée : ici il est agréable, abondant, très-développé, d'une diffusion immédiate, persistante; là il est court, embarrassé, exige l'agitation, et successivement il se modifie jusqu'à ressortir d'une manière qui affecte désagréablement le sens de l'odorat.

Cet arome agréable se combine quelquefois avec une saveur désagréable. Les vins de Bourgueil, par exemple, ont une odeur de violette très-prononcée, mais qui se trouve accompagnée d'un goût de terroir qui en diminue infiniment le prix.

Les grands vins du Médoc, d'Hermitage, de la Bourgogne, ont chacun un arome qui leur est propre et les fait rechercher, à raison de ce que cet arome particulier est accompagné d'une saveur plus ou moins agréable, qui, suivant les goûts, les fait préférer les uns aux autres; mais, dans tous les cas, ils flattent agréablement et simultanément les sens du goût et de l'odorat.

Après avoir prouvé, nous le pensons, qu'il existe une différence bien marquée entre le bouquet des vins avec l'uniformité des odeurs que comportent les fleurs et certains fruits, nous devons rappeler une petite expérience qui rétablit une sorte d'analogie entre l'arome du vin et les odeurs provenant du règne végétal, et notamment de la violette, dont l'odeur a beaucoup de rapport avec l'arome des vins fins de Médoc.

Nous avons laissé dans la neige, pendant dix heures, une bouteille de notre vin de la récolte de 1802, dont le bouquet était développé et très-abondant; ce vin, frappé par le froid, était devenu inodore, et ne ressemblait nullement, sous ce rapport, au même vin tenu à une température de 15 à 20 degrés.

Tous les amateurs des vins de Médoc savent que, soumis à une certaine température un peu élevée, ces vins développent beaucoup plus d'arome que lorsqu'ils sont froids ou exposés à une température froide.

Thenard dit, page 479, troisième volume, édition de 1821 : « Qu'il faut rechercher la différence de qua-
» lité des vins dans un corps qui nous a échappé jus-
» qu'à présent, et qui forme le bouquet des vins, bou-
» quet que quelques chimistes attribuent à une huile
» qu'ils n'ont pu isoler. »

M. Aubergier a fait dernièrement un Mémoire dans lequel il annonce avoir extrait une huile de grappes, de pepins, de pellicules de raisins rouges, mais que cette huile est si pénétrante, si désagréable, qu'une seule goutte infecte cent litres de la meilleure eau-de-vie.

Il prétend que c'est l'absence de cette huile dans les vins blancs, qui donne aux eaux-de-vie de Cognac cette supériorité que personne ne leur refuse.

Nous croyons que c'est une erreur; car, si on admettait le fait avancé par M. Aubergier, dont nous ne connaissons l'ouvrage que par extrait, tous les vins blancs donneraient une eau-de-vie d'une qualité également supérieure; car, nous ne verrions pas pourquoi les eaux-de-vie de Cognac seraient plus favorisées que celles de l'Armagnac et des autres pays où l'on ne brûle que des vins blancs (1).

Mais il y a plus : d'après l'opinion de M. Aubergier, si les raisins blancs ne contenaient pas cette huile si pénétrante que produisent les raisins rouges, il en résulterait encore que tous les vins blancs devraient avoir le même arome; on ne pourrait plus les distinguer que par leur goût ou leur saveur. Cependant l'arome des vins blancs, ou leur bouquet, se différencie, se modifie sous une infinité d'aromes particuliers, comme celui des vins rouges, et les fait reconnaître par l'odeur comme par le goût.

---

(1) Les eaux-de-vie d'Armagnac se divisent en eaux-de-vie *ordinaires*, et eaux-de-vie à *haute sève*; ces dernières en vieillissant acquièrent un arome particulier et remarquable.

Les vins muscats de Frontignan ont absolument le goût et l'arome du raisin de muscat; cet arome est remarquable, car il n'y a pas de vin dont l'odeur et le goût aient autant de similitude avec l'odeur et le goût du fruit qui l'a produit.

Mais revenons aux promesses de M. Gervais.

Sur 73 départemens où l'on récolte du vin en France, il n'y a que quelques cantons, quelques vignobles privilégiés dans quatre à cinq départemens, qui produisent des vins rouges d'un bouquet agréable : les mieux traités sont les cantons qui n'ont aucun arome désagréable ; mais ensuite, par dégradation successive, on en trouve qui, nous osons le dire, sont infectés d'une odeur plus ou moins nauséabonde, ce qui ne les rend propres qu'aux consommations locales, et les exclut entièrement de toute exportation à l'étranger.

Dans tous les cas, le procédé de M.lle Gervais tendant, nous dit-on, à concentrer tous les élémens gazeux dans la cuve, même les gaz aromatiques, il est évident que ce procédé, dans plus des $^{98}/_{100}$e des vignobles en France, tend à renfermer le loup dans la bergerie ; lorsque par un motif bien entendu, bien approprié au défaut de la plus grande partie des vins de notre belle France, il serait beaucoup plus utile de laisser évaporer, de détruire, de neutraliser, s'il était possible, cet arome plus ou moins nauséabonde.

1.° Nous ne croyons pas que l'appareil vinificateur puisse concentrer et condenser l'arome ou l'odeur qui s'évapore, suivant la méthode ordinaire, comme le prétend M. Gervais.

2.° Nous ne croyons pas que le gaz acide carbonique ait la faculté d'entraîner l'arome du vin en effusion absolue, comme l'a avancé M. Chaptal.

3.° Enfin, nous ne croyons pas que cette odeur, si pénétrante, si continue; odeur telle, que dans les cuviers où il y a beaucoup de vin en cuve, il faut y être en quelque sorte accoutumé pour la supporter long-temps; nous ne pensons pas que cette odeur si énergique soit une perte de gaz aromatique, enlevé particulièrement au bouquet du vin.

Premièrement, l'entité des odeurs les constitue d'une diffusion indéfinie; il est donc évident que les ouvertures établies et conservées dans l'appareil, afin de procurer le dégagement du gaz acide carbonique, rendraient physiquement impossible la condensation, la concentration de gaz aussi volatils.

Secondement, si le gaz acide carbonique avait la faculté d'entraîner les gaz aromatiques en effusion absolue, les produits liquides, tels que ceux que nous avons obtenus, devraient être très-aromatisés, ce qui n'est pas: on le reconnaîtra quand on en fera l'expérience. L'eau qui, suivant le procédé vinificateur, est saturée de tout le gaz acide carbonique qui sort des cuves, l'eau au travers de laquelle il passe ou dans laquelle il s'interpose plus ou moins long-temps, devrait être aromatisée, à raison de l'affinité des odeurs avec une eau acidule, ce dont on n'a jamais parlé.

Avant de justifier notre troisième assertion, nous nous empressons de dire que ce n'est pas un esprit novateur et paradoxal, qui nous a fait adopter une théorie nouvelle sur la présence des odeurs vineuses qui remplissent les cuveries, ainsi que sur les pertes qu'on en a inféré relativement au bouquet du vin.

Nous présentons cette théorie avec toute la défiance que doit avoir tout agriculteur, qui, sans esprit de système, croit avoir découvert le premier un fait utile à l'art dont il ne désire que le perfectionnement et les progrès.

Nous étudierons encore cette théorie ; nous voudrions que bien d'autres en fissent autant : pourvu que la vérité physique se découvre dans les recherches, nous serons bien assez récompensés.

Etablissons d'abord un principe qui ne peut être contesté ; c'est celui-ci : tous les corps qui subissent une fermentation acéteuse ou putride, ont des émanations relatives qui leur sont propres.

Rozier, contre toute espèce d'évidence, en combattant le système de Bertholon, a prétendu que le chapeau de la vendange ne s'aigrissait pas, ne pouvait pas devenir aigre ; page 441, tome 4.

On conçoit très-difficilement comment Rozier a pu soutenir un pareil fait dont tous les ans les agriculteurs peuvent vérifier le contraire.

Comment il a pu convenir que le jus exprimé de la partie supérieure du chapeau produisait un vin *acidule*, sans être arrêté par la conséquence de cet aveu.

Le chapeau de la vendange ou les parties solides du raisin qui forment le chapeau, étant exposées à l'influence de l'air ambiant, sont soumises très-rapidement à l'action d'une fermentation acéteuse ; cette fermentation acéteuse devient putride par dégénérescence successive, plus ou moins promptement, suivant les circonstances qui les activent et les développent.

Ainsi nous disons que, plus ou moins rapidement, suivant le degré de chaleur de la température, et l'activité de l'action de l'air ambiant, favorisée ou contrariée dans les cuveries, il existe, après peu de temps de cuvaison, simultanément dans nos cuves, trois fermentations, savoir : une vineuse dans le liquide, une seconde acéteuse, d'abord dans la superficie supérieure du chapeau, laquelle fermentation devient putride.

Le dessus du chapeau s'acétifie d'abord, se putréfie ensuite, et finit par se dessécher, pour peu que la cuvaison soit de dix à douze jours.

Suivant la durée du travail fermentatif et de la vinification, les deux fermentations désorganisatrices des parties solides qui composent le chapeau, font plus ou moins de progrès : leur action s'étend plus ou moins profondément dans les parties solides.

L'odeur pénétrante qui envahit nos cuviers et l'extérieur de ces cuviers, est produite par les émanations de ces fermentations acéteuse et putride.

L'odeur du mout fraîchement exprimé est presque nulle, c'est-à-dire, simplement végétale. Cette odeur du vin, qui se forme pendant la fermentation vineuse, n'entre presque pour rien, ou pour très-peu de chose, dans ces émanations odorantes, si actives, si considérables, qu'on trouve jour et nuit dans les cuviers pendant que les vins sont en cuve.

L'arome du vin ne se perd pas plus par diffusion, n'est pas plus entraîné par le gaz acide carbonique, que les gaz spiritueux.

C'est l'odeur résultante de ces deux fermentations acéteuse et putride, provenant, pour ainsi dire, uniquement des parties solides; c'est cette odeur qui se combine avec une quantité considérable de gaz acide carbonique, dont l'union pénètre fortement le sens de l'odorat, monte au cerveau comme le ferait l'odeur d'un vin très-généreux; c'est cette odeur qui produit l'illusion qui a déterminé le préjugé de la perte considérable prétendue du bouquet ou de l'arome du vin.

Ce qui prouve évidemment que cette odeur pénétrante, qui frappe nos organes dans les cuviers, ne provient que de la fermentation acéteuse et putride, c'est qu'en couvrant avec précaution les cuves, en mettant obstacle à l'action de l'air atmosphérique, en empêchant ainsi les fermentations désorganisatrices du chapeau ou des parties solides qui le composent, cette odeur disparaît, pour ainsi dire, toute entière, malgré l'ouverture ou les ouvertures pratiquées dans les couvertures des cuves, dans le but de favoriser le libre dégagement du gaz acide carbonique. N'est-il pas évident que ces ouvertures faciliteraient l'expansion indéfinie des atomes odorans du vin, ou bien permettraient au gaz acide carbonique de s'approprier cet arome, de se combiner chimiquement avec lui pour se répandre dans les cuveries, s'il avait la faculté de l'entraîner dans une effusion absolue hors de nos cuves?

Nous avons observé, pendant plusieurs jours de suite, et surtout le matin où l'odeur est la plus forte à l'ouverture du cuvier, que huit cuves couvertes, pleines d'une quantité considérable de vin, ayant cependant toutes une ouverture non couverte pour le dégagement du gaz acide carbonique, ne laissaient, dans le vaisseau qui les renfermait, presque aucune odeur, ou une odeur aussi faible que celle qui se trouve dans les cuviers plusieurs jours après que les vendanges sont finies, au point que nous et d'autres personnes auxquelles nous l'avons fait remarquer, n'aurions pas osé affirmer qu'il existât à peine de vendange dans les cuves, qui cependant en étaient remplies.

C'est par suite de cette expérience que nous vérifierons encore, que nous avons été induits à penser que les parties odorantes, qui abondent dans les cuviers, proviennent des émanations qui résultent des fermentations acéteuse et putride du chapeau; 2.° que le vin ou le liquide ne fait pas de pertes réelles et importantes, sous le rapport de l'arome qui lui est propre; 3.° que le gaz acide carbonique n'entraîne pas le bouquet du vin en diffusion absolue.

Il est démontré, par l'étude du bouquet de tous les vins favorisés sous ce rapport, qu'au moment du décuvage le bouquet n'est pas développé, et que s'il était prononcé à cette époque, il n'y aurait pas de doute qu'on l'aurait mis artificiellement dans le vin : il est reconnu qu'à l'instant du décuvage, l'arome des vins fins est embarrassé, non développé. Quand la fermentation tumultueuse dans les barriques est finie, que la lie et les corps étrangers se précipitent du haut en bas, que le vin se clarifie, qu'il est ce que nous appelons entièrement *paré*, l'arome se prononce un peu plus; mais ce n'est qu'après un, deux, trois ans, que le bouquet se développe, se caractérise en une odeur spéciale plus ou moins abondante, qui ne varie plus, tant que le vin est sain.

Il en est de même, à cet égard, dans les vins de

Médoc comme dans les vins de Bourgogne et d'Hermitage. Cependant, dans les années remarquables par l'ensemble des bonnes qualités, en proportion de la richesse du vin, de sa spirituosité, le bouquet se développe plus tard et plus lentement que dans les années où les vins sont faibles en corps; le bouquet ou l'arome est alors rapidement développé, il est, pour ainsi dire, à nu, et ces vins ne sont pas d'aussi longue durée; ils sont aussi susceptibles d'être plutôt consommés.

Le commerce ne donne pas des prix très-élevés du vin des premiers crus, à raison de ce que ces vins possèdent beaucoup plus d'arome après les vendanges, comparativement à bien d'autres qui sont de prix très-inférieurs. La différence des vins nouveaux n'est pas forte et facile à saisir pour un acheteur inexpérimenté; mais une longue expérience ayant appris que ces premiers crus gagnent et acquièrent infiniment plus de bouquet que les autres, cette différence que le temps produit malgré des soins égaux, en partant d'un point de départ égal à tous, celui du décuvage, cette différence successive a établi la disproportion très-considérable dans les prix d'un vin à un autre : et qu'on ne dise pas que c'est un préjugé, car on ne nous persuadera jamais qu'on puisse payer aussi cher un préjugé pendant cent ans et plus.

Poursuivons l'examen et le mérite des promesses de M. Gervais. Que pourrions-nous dire de la prétendue incorruptibilité des vins fabriqués avec l'appareil, de la résurrection des vins de cent et cent soixante feuilles, que Pline et Horace nous ont vantés dans leurs ouvrages immortels? Devons-nous désirer de retrouver et d'avoir des vins en tablettes, des vins qu'il faudrait racler dans les vases, et délayer, pour avoir le plaisir de dire qu'ils ont un siècle et demi?

Nous considérons l'assertion de M. Gervais, sous le rapport de la prétendue incorruptibilité, comme une hyperbole aussi inutile qu'incroyable. Ce serait déjà beaucoup, si l'appareil procurait d'ailleurs les autres avantages promis par l'auteur.

Nous croirions beaucoup plus facilement à la découverte du mouvement perpétuel, qu'à celle d'un vin incorruptible, dégagé de tout principe d'altération. Quoique puisse avancer M. Gervais, le vin, tel que la consommation l'exige à l'époque où nous vivons, aura sa jeunesse, sa virilité, sa caducité : il passera par les périodes de la fermentation tumultueuse dans la cuve, de la fermentation, le plus souvent insensible, dans les futailles; enfin, de la fermentation acéteuse et désorganisatrice : il aura un commencement et une fin. Il est démontré mathématiquement que jamais le vin ne reste absolument le même pendant vingt-quatre heures dans la barrique; par conséquent il était impossible d'écrire une erreur plus forte que celle que nous lisons page 41, où M. Gervais nous assure que la fermentation avec l'appareil, sera fixe, constante, stationnaire; car il est mathématiquement prouvé aussi, qu'une masse de mout, soumise à la fermentation tumultueuse, ne reste jamais deux minutes, physiquement, dans le même état.

Où trouvons-nous d'ailleurs la preuve de cette prétendue incorruptibilité? C'est en 1820 que M.lle Gervais nous annonce sa découverte; nous sommes en 1821. Il y a très-peu de temps vraisemblablement qu'elle a inventé son appareil; elle ne rapporte aucune expérience personnelle, et déjà elle annonce ou elle prévoit l'incorruptibilité des vins faits avec son procédé. Attendons un siècle encore pour en juger; ce ne sera ou ce ne serait qu'après une expérience séculaire au moins, qu'on pourrait dire : nous avons trouvé le moyen de faire des vins incorruptibles.

Comment peut-on supposer même l'incorruptibilité des vins faits avec le procédé, et prétendre qu'ils seront exempts de tous principes d'altération? L'appareil retient ou doit retenir et concentrer tous les élémens, tous les principes du mout, quels qu'ils soient, excepté le gaz acide carbonique, qui sort, dit-on, comme un vent indomptable, page 56. L'appareil, d'après M. Gervais, maintient ou fait donc rentrer dans la masse tous les élémens bons ou mauvais, tous les principes désorganisateurs, s'il y en a, au lieu de les lui enlever.

L'assertion qui tend à établir que le vin fait avec le procédé est aussi vif, aussi limpide que les vins en général peuvent le devenir par le collage et le soutirage, cette assertion est encore une promesse hasardée que nous considérons comme erronnée.

Nous avons fait l'expérience avant que le procédé fût connu, et nous avons attentivement remarqué et constaté que notre vendange qui avait été foulée, et qui n'avait pas été entièrement égrappée, n'a pas produit un vin plus fin, plus limpide que le vin de la cuve découverte, dont la vendange avait été identiquement traitée, avec les mêmes circonstances.

Nous ne trouvons dans le procédé aucune cause, aucun agent chimique qui puisse déterminer, pendant la fermentation, la précipitation de tous les corps insolubles qui se trouvent beaucoup plus abondans dans le vin nouveau surtout, que dans les vins vieux soutirés et collés.

Le seul moyen que nous connaissions jusques à présent pour avoir des vins nouveaux, aussi dégagés que possible de grosse lie, est de tout égrapper, de ne pas fouler la vendange, ce qui n'est pas sans inconvénient; car la parfaite fluidité de la masse fermentante est une condition indispensable pour une fermentation simultanée. Nous concevons cependant qu'il pourrait y avoir un moyen qui rendrait les vins beaucoup plus clairs à l'époque du décuvage, mais on n'obtiendra jamais du vin aussi limpide, aussi clair-fin, que celui qui a été collé et soutiré, jusques à ce qu'on ait trouvé le moyen de déterminer la précipitation de tous les corps non solubles dans le vin pendant la fermentation, ou du moins quand elle finit : encore faudrait-il laisser ce vin louche dans le fond de la cuve.

Nous ne devons pas négliger de discuter la vertu la plus extraordinaire, nous osons dire la plus miraculeuse, de l'appareil vinificateur, qui garantit « avec la » vendange la plus faible un vin le plus délicat, le plus » agréable, et peut-être le plus précieux par ses vertus » et son bouquet; page 50. »

Ainsi, quand l'examen physiologique de la graine de raisin, son goût plat, aqueux et vert; quand son mauvais conditionnement, par la pourriture, ne nous laissera que le mout le plus faible, le plus mauvais, enfin dans les années comme 1809, 1816, nous serons assurés de faire des vins qui auront les qualités recherchées par l'étranger ou par les consommateurs de l'intérieur.

Le défaut de maturité, par suite des saisons froides et pluvieuses, les obstacles des climats, des expositions des diverses natures de terrains, les mauvais cépages, les gelées d'automne qui nuisent tant aux vins rouges, la modification que produisent les diverses cultures, les diverses températures : tous ces inconvéniens cèdent et succombent sous l'empire de l'influence réparatrice du procédé vinificateur.

C'est inutilement que presque tous les auteurs œnologues ont cherché les moyens de remédier au défaut du principe sucré, par du sucre, par des chaudronnées de mout bouilli; à la trop grande abondance de la partie acide et aqueuse, par le gypse, par la chaux.

C'est donc en vain qu'ils nous dirigent pour corriger la mauvaise nature du mout, pour nous aider à établir la proportion, trop souvent dérangée, des élémens constituans de la fermentation, à raison des différentes aberrations de la nature ou de la culture. L'appareil satisfait à toutes les conditions d'une bonne fermentation, met tous les principes fermentescibles dans un équilibre parfait, rétablit par ses résultats (1) cette juste proportion qu'on n'obtient jamais que par une bonne maturité, et toutes les circonstances favorables des localités et d'une culture bien entendue.

Par conséquent, plus de mauvais vins.

Comme nous sommes très-convaincus que personne ne peut croire à tant de prodiges, nous ne chercherons pas à combattre plus long-temps la promesse d'un avan-

---

(1) Voyez la note page 90.

tage qu'il est impossible de réaliser par le fait seul d'un appareil vinificateur quel qu'il soit.

Après nous être occupés de réduire à leur juste valeur tous les bénéfices qui nous sont promis, nous avons cru qu'il serait nécessaire de faire un examen détaillé du matériel de l'appareil.

Nous pouvons y procéder avec d'autant plus de confiance, que nous nous trouvons placés sur le terrain de notre pratique.

Commençons par dire que telle expérience, facile en petit, rencontre des inconvéniens, sinon insurmontables du moins très-coûteux, quand il s'agit d'opérer sur une grande échelle, dans des localités qui n'ont pas été disposées pour des besoins que la prévoyance des constructeurs n'a pu calculer à l'avance.

On connaît l'éloignement que les agriculteurs en général ont toujours eu contre les innovations. Nous ne savons quel auteur a écrit que si l'invention d'instrumens et de procédés nouveaux et perfectionnés pour l'agriculture était difficile, il était encore bien plus difficile de les faire adopter.

Il n'en est pas tout-à-fait ainsi dans notre département : le propriétaire vignicole n'est pas aveuglément prévenu contre des innovations qui présentent un but utile, une amélioration possible à la qualité de ces vins.

La classification, par différens degrés, de toutes les qualités de vins, la différence plus ou moins considérable dans leurs prix que le commerce a établie, et qu'une longue expérience a plus ou moins consacrée ; cette différence excite une émulation, qui à la vérité dégénère souvent en rivalité; elle a pour but cependant de servir d'encouragement à des procédés, des soins, des sacrifices même, tendant à procurer une supériorité, sinon exclusive du moins assez positive, pour s'élever dans sa classe, et dans l'objet d'obtenir des prix plus avantageux.

Depuis trente ans il y a une tendance générale, soutenue, à perfectionner, améliorer la qualité de nos vins, soit par les moyens que comportent la culture et le choix des plants de vignes, soit par les procédés de vinification mieux entendus.

Néanmoins, malgré que nous n'ayons pas en quelque sorte besoin de le dire, les propriétaires de grands vins, dont la réputation est établie depuis si long-temps, doivent surtout se garantir de l'esprit d'innovation et des expériences en grand, jusques à ce que les améliorations proposées pour la vinification soient démontrées utiles, sans inconvéniens; jusques à ce qu'il soit parfaitement prouvé que la pratique est d'accord avec la théorie.

Il n'y a pas de doute que ces améliorations se trouveraient bien vite, si le propriétaire de vignobles qui administre lui-même dans nos cantons, voulait étudier la science qui peut seule le diriger d'une manière sûre vers des perfectionnemens qui le récompenseraient amplement.

Après cette digression qu'on trouvera peut-être trop longue, nous revenons aux difficultés d'exécution que présente l'appareil vinificateur de Mlle Gervais.

Il faut d'abord couvrir les cuves avec de fortes couvertures en planches bouvetées, pour supporter le poids de l'appareil, et surtout le poids du réfrigérant, afin aussi d'empêcher tout moyen de déperdition du gaz acide carbonique par toute autre voie que celle du grand chapiteau, ou secondairement par le grand tuyau placé à quelque distance du réfrigérant.

Dans les pays de moyenne et grande culture, il faut des cuves assez grandes, ou en assez grand nombre, pour l'exploitation de la propriété, en prenant pour base les années, très-rares, d'une forte abondance.

Dans notre département, nos cuves écoulent depuis douze jusques à cent barriques; par conséquent, leur diamètre est depuis quatre pieds jusques à douze pieds seulement, parce que dans nos biens la hauteur des cuves est relative à leur diamètre : il nous faudra donc des couvertures depuis treize pieds jusques à trente-huit pieds de circonférence, car la couverture doit déborder la cuve pour parvenir à bien cimenter le haut de la cuve et la couverture, afin de mettre la vendange parfaitement à l'abri de tout contact avec l'air atmosphérique.

Ces couvertures, pour être solides et durables, doivent être liées par de fortes traverses en chêne, pour éviter que le plancher se courbe, se déjette d'une année à l'autre. Ces traverses seront en partie coupées dans le milieu, pour faire l'ouverture nécessaire à la pose du grand chapiteau. Il est facile de concevoir combien ces couvertures seront lourdes, combien il sera difficile de les établir sur les cuves, à raison de leur grandeur relative et du peu d'espace qui existe ordinairement entre nos cuves et les murs auxquels elles sont habituellement adossées, ou avec les cuves voisines qui se touchent presque toujours les unes et les autres par leurs bases; et enfin, à raison du peu d'espace qu'on laisse, par économie, entre la cuve et la toiture du cuvier, ou les poutres qui supportent la charpente et la toiture.

Il faut donc des palans doubles pour hisser et soutenir la couverture, en aider la pose; il faut donc au-dessus des cuves une charpente assez forte, assez solide pour y attacher le palan qui doit éviter les accidens meurtriers du hissage, du posage et du déplacement d'une masse qui est nécessairement lourde et très-difficile à manier.

C'est sur cette couverture, dont nous avons étudié tous les inconvéniens, que doit s'établir l'appareil vinificateur.

Le diamètre de l'appareil doit sans doute être relatif à la contenance de la cuve. L'opuscule nous laisse, à cet égard, dans la plus grande incertitude. Mais en supposant une cuve contenant vingt barriques, pour les proportions de l'appareil tel qu'il est décrit par M. Gervais, il est évident qu'il doit avoir au moins quatre pieds de hauteur au-dessus de la cuve, pour puiser l'eau et en jeter de nouvelle dans le réfrigérant : cette hauteur de l'appareil devra augmenter en proportion d'une plus grande contenance; ce qui ne peut manquer d'augmenter aussi le volume et le poids de l'appareil, en rendre la pose souvent impossible, toujours très-difficile dans des cuviers qui tous ont été bâtis dans le dessein de laisser peu d'espace entre les cuves et la toiture.

Ce n'est pas tout : dans un cuvier où il existe huit, douze, quinze cuves, il faudra huit, douze, quinze couvertures, autant d'appareils, pour lesquels il faudra un bâtiment ou un grand emplacement de plus dans nos usines pour la conservation de ces appareils, de ces couvertures, puisque ces appareils doivent servir tous les ans.

L'appareil est en ferblanc, ce qui est plus économique; il faudra un ferblantier pour souder et raccommoder souvent les appareils. Tout le monde sait combien le ferblanc s'oxide facilement, qu'il est aisé de le fausser.

Nous ne pouvons pas laisser les appareils et les couvertures sur les cuves pendant un an, d'une récolte à l'autre. Avant vendange, il est indispensable de laver, nettoyer plusieurs fois, étancher les cuves avant d'y jeter la vendange; il faut donc les découvrir très-souvent, il faut aussi que la cuve soit découverte quand on sort le marc pour le presser, ou bien lorsqu'on l'y replace pour faire la piquette ou petit vin.

Ce n'est pas tout encore : il faut découvrir la cuve chaque fois qu'on y jette de l'eau pour faire la première, la seconde et la troisième piquette; car il convient, à l'époque de la fabrication des piquettes, fabrication qui se prolonge plus de deux mois après les vendanges, de jeter ou plutôt de répandre l'eau sur le marc à différentes reprises, afin de parvenir à une saturation successive et complète de l'eau avec tout ce qui peut rester de couleur et d'alcool dans le marc.

Ainsi, dans l'espace de trois à quatre mois, il est facile de juger toute la main-d'œuvre, tous les embarras qu'occasioneraient tant d'appareils, tant de couvertures à remuer, à transporter, à sortir et à replacer sans cesse.

Il nous arrive souvent de charger deux fois les mêmes cuves durant la même vendange.

Nous pouvons parler avec connaissance de cause de tous les embarras qui, selon l'usage de remplir une cuve dans un jour, se rencontrent lorsque la nuit est venue, et qu'il reste encore à couvrir, cimenter la cuve, poser, installer le procédé ou appareil condensateur. Aussi, lorsque nous lisons dans l'opuscule, que toute la manipulation de la vendange, que tous les préliminaires et les difficultés du hissage, du posage, de la cimentation de l'appareil, sont expliqués brièvement dans ce peu de mots : « Après avoir égrappé, foulé et mis la ven- » dange dans la cuve, posé et cimenté l'appareil et la » soupape » ; nous nous abaissons devant les inventeurs qui sautent à pieds joints, pour ainsi dire, sur une foule de détails d'exécution, ne voyant que les résultats et l'accomplissement de leur système. Cependant, après avoir parlé des embarras et des difficultés principales, il est aisé de se figurer les précautions, les assujettissemens du propriétaire pour le hissage, la pose, la cimentation de la couverture, de l'appareil, de la soupape; car il est indispensable que rien ne soit livré au hasard : il ne faut éprouver aucun dérangement, aucun mécompte, surtout dans le réfrigérant, dont la plus petite rupture ou le plus petit défaut de soudure aurait pour inconvénient de mettre beaucoup d'eau dans le vin de la cuve soumise au procédé.

Nous ne parlons pas de la dépense des couvertures et de tout l'appareil; nous convenons qu'elle serait très-peu à considérer, si les avantages étaient réels et démontrés.

Nous aurions pensé que M. Gervais aurait eu la prévoyance d'indiquer aux cultivateurs jusques à quel point il convient, dans son système, de remplir les cuves avec la vendange. Cet oubli exige une explication de notre part.

Nous laissons toujours, suivant la méthode ordinaire, huit à dix pouces de franc bord au haut de la cuve, pour éviter dans le travail de la fermentation, et par suite de l'ascessence du chapeau, que le vin ne se déverse et ne se perde extérieurement le long des parois de la cuve, ce qui arrive cependant souvent : d'après le système de l'appareil, non-seulement le chapeau ne doit pas s'élever au-dessus des bords de la cuve, mais il ne doit pas même toucher la couverture. Sa force, sa puissance d'ascension est telle, qu'il dérangerait de suite l'appareil, mettrait un obstaclein surmontable aux effets du procédé en soulevant la couverture, ce qui dérangerait tout. S'il arrivait que les gaz pussent sortir par la plus petite ouverture, entre la cuve et sa couverture, la condensation des gaz et leur résultat dans le chapiteau ne pourraient avoir lieu, tout s'évaporerait, tout serait volatilisé, sans aucun des avantages prétendus pour la masse vinaire.

Il faut même une distance libre entre le chapeau (qui s'élève dans les cuves closes, comme dans les cuves découvertes, par le fait de l'émission et de la dilatation du gaz acide carbonique) et les couvertures, afin que le jeu des gaz et des vapeurs qui s'élèvent au-dessus du chapeau, ait lieu sans obstacle, sans trop de précipitation.

Il est donc indispensable de laisser deux pieds de

franc bord dans l'intérieur de la cuve, lorsqu'on y met la vendange, afin que l'ascessence du chapeau ne dérange jamais rien dans toutes les combinaisons de l'appareil : d'où il résulte inévitablement que nos cuves contiendront beaucoup moins de liquide et de marc qu'elles n'en contiennent suivant la méthode ordinaire des cuves découvertes.

Cet espace vide, absolument indispensable à laisser dans les cuves soumises au procédé vinificateur, présente un déficit d'un sixième et d'un septième dans leur contenance régulière et habituelle, suivant l'ancienne coutume.

Ainsi, dans le cas où cent tonneaux de cuve suffiraient à l'importance d'une propriété dans l'état actuel des choses, il faudra cent quinze tonneaux de cuves au moins avec le procédé de M.lle Gervais. Il faut encore observer que cette augmentation de cuves, mathématiquement nécessaire, sera tout à fait insuffisante dans une circonstance particulière dont on a négligé de prévenir, dont on aurait dû instruire les cultivateurs auxquels on promet une fermentation fixe, stationnaire. On aurait dû leur dire que le travail de la fermentation ou l'accomplissement de ses phénomènes dans les cuves closes est plus long ou plus lent à se réaliser comparativement, que dans les cuves découvertes. Il faut donc, toutes choses étant égales d'ailleurs, plus de temps de cuvaison pour la vendange avec l'appareil vinificateur. Par conséquent, dans les années abondantes où le propriétaire remplit ou charge deux fois ses cuves, la lenteur avec laquelle les lois d'une parfaite vinification s'accomplissent dans les cuves closes, rend impossible la faculté de se servir deux fois de la même cuve dans le court espace de temps de la cueillette des raisins : d'ou il résulte encore qu'il est indispensable d'avoir des cuves libres, en bien plus grande quantité que nous n'en avons ordinairement besoin, lorsqu'il arrivera une récolte abondante.

MM. Vallat et Girard, attestans pour le procédé, ont laissé cuver pendant quinze jours; M. Lacroix de Font-de-Pierre a laissé cuver vingt-deux jours : dans ces hypothèses, il faudrait nécessairement renoncer à charger deux fois la même cuve.

Nous lisons, page 37, qu'au milieu du chapiteau part un grand tuyau qui est conduit au-dehors et va plonger dans un grand vaisseau.

Nous comprenons que ce grand tuyau est destiné à porter au-dehors le gaz acide carbonique, élaboré, dépouillé de tous les gaz précieux qui ont dû se condenser dans le chapiteau.

L'appareil offre cependant très-peu de garantie pour justifier que le gaz acide carbonique pur s'évapore seul par le grand tuyau; qu'il n'entraîne aucun des élémens gazeux qu'on a voulu condenser et rejeter dans la masse vinaire.

Mais l'un des deux : ou le chapiteau dépouille chimiquement le gaz acide carbonique des élémens qu'on prétend qu'il tient en dissolution, et qui se volatilisent en même-temps que lui; ou bien ces élémens ne se condensent pas tous, et le gaz acide carbonique ne sort pas nu et pur du chapiteau; le départ des gaz, enfin, n'a pas lieu d'une manière absolue.

Dans l'une ou l'autre hypothèse, à quoi sert ce grand

vaisseau où va plonger le grand tuyau qui sert de dégagement au chapiteau ?

Si le départ chimique du gaz acide carbonique avec les autres gaz précieux qui s'évaporent suivant le système de l'auteur, n'a pas lieu d'une part, le procédé ne vaut radicalement rien ; de l'autre, à quoi pourra servir cette masse d'eau saturée de ces élémens ?

Espère-t-on, comme M. Vallat, sur les indications de M. Chaptal, obtenir de bon vinaigre avec cette eau saturée de gaz acide carbonique ? Mais sans doute : M. Vallat n'ignore pas qu'il est impossible de faire de bon vinaigre sans alcool. Si tous les gaz alcooliques ont été condensés dans le chapiteau, il n'y aura pas de vinaigre, il n'y aura toujours qu'une eau acidule qui jusques à présent ne peut servir à rien.

Ainsi il est complètement inutile d'augmenter les embarras, les occasions de dérangement et la dépense, sans but, sans utilité.

Le second gros tuyau avec soupape, lequel forme une cheminée à la cuve, laquelle soupape est encore recouverte d'un gros tuyau plongeant dans le grand vaisseau rempli d'eau, est, nous osons l'assurer, complètement inutile.

Nous soutenons que ce second tuyau est une invention sans aucun but quelconque ; le tuyau du chapiteau par lequel le gaz acide carbonique peut et doit sortir, est absolument suffisant. Le gaz acide carbonique n'est pas un gaz fulminant : nous savons qu'il est susceptible d'une force dilatante telle, que, dans le système de Bertholon, elle a soulevé les poutres et la toîture.

Il ne faut pas s'y tromper : cet accident eut lieu, non

pas parce que le gaz acide carbonique était sans issue, sans moyen de dégagement, mais à raison de l'imprévoyance de Bertholon qui n'avait pas réfléchi à l'ascescence du chapeau, occasionée par l'émission et la dilatation du gaz acide carbonique.

Si Bertholon n'avait pas établi le bois de bout sur le fond intérieur de la cuve, et se fût contenté d'établir son bois de bout sur la couverture extérieure et supérieure, l'espace entre ces deux fonds étant suffisant pour empêcher le chapeau de parvenir jusques au plancher ou couverture supérieure, l'accident dont Rozier et M. Chaptal qui a copié Rozier, l'accident dont ces deux auteurs se sont servi pour repousser cette méthode, n'aurait pas eu lieu.

Pour peu qu'on ait étudié la fermentation tumultueuse, sa marche, ses développemens, il est facile de se convaincre qu'une ouverture libre, quoiqu'infiniment petite, eu égard à la capacité plus ou moins grande de la cuve, ou faiblement recouverte par une soupape, suffit et donne passage au dégagement du gaz acide carbonique, pour éviter toute explosion, toute rupture, tout accident.

Nous disons donc que la cheminée, son grand tuyau et son prolongement dans le vaisseau rempli d'eau, sa soupape enfin, ne serviront jamais à rien, si le tuyau du chapiteau est fait de manière à remplir le service auquel il est destiné. Cette cheminée, surmontée d'un gros tuyau, ne se soutiendra pas par une simple cimentation : il sera donc nécessaire de la clouer sur la couverture en bois, ce qui la rendra inservable plus d'une fois.

Nous avons promis de relever quelques erreurs dans les attestations produites par M. Gervais.

M. Girard de Fabreque prétend que le marc de la vendange, placé dans le foudre d'expérience, n'a pas bougé pendant les quinze jours environ de cuvaison; qu'il a bien reconnu et constaté ce fait extraordinaire; que la fermentation, au lieu d'être tumultueuse, était réglée et paisible.

Nous sommes physiquement certains que M. Girard s'est trompé à cet égard : en effet, si le marc n'avait pas bougé, si l'ascescence du chapeau n'avait pas eu lieu, il aurait fallu qu'il n'y eût pas eu émission du gaz acide carbonique, par conséquent, dilatation dans la masse et ascescence; car ce nouvel être créé par la fermentation occupe nécessairement une place qui augmente le volume, et par conséquent fait bouger la masse. Ou il y a eu ascescence, ou il n'y a pas eu fermentation, et par suite vinification.

On doit supposer, avec plus de raison, que la vendange de M. Girard était arrivée au maximum de son ascension lorsqu'il a posé son appareil. Il arrive quelquefois, quand toutes les circonstances favorables coïncident, que la vendange monte dans la cuve à mesure qu'elle y est jetée, au point que le chapeau ne s'élève guère au-dessus du niveau où il était lorsque la cuve a été achevée de remplir; dans ce cas, la cuve contient un peu moins de vendange que de coutume : on n'ose pas y mettre la quantité de raisins ordinaire, dans la crainte d'éprouver des pertes de vin par suite de l'élévation accoutumée et présumée du chapeau.

Nous sommes intimément convaincus que la vendange de M. Girard avait fait son développement de la manière dont nous venons de l'expliquer, puisqu'il prétend n'avoir laissé qu'un pied de franc bord dans l'intérieur du foudre.

Quant aux produits plus abondans, plus avantageux de la cuve d'expérience, nous pensons, d'après tout ce nous avons déjà dit, qu'ils ont été favorables, mais qu'il les a attribués au procédé, tandis qu'il aurait dû en trouver la cause dans la soustraction du chapeau à l'influence de l'air atmosphérique. On conviendra que l'expérience n'a pas été faite avec la rigueur et l'exactitude réclamées en pareil cas : il nous arrive souvent que deux cuves d'une égale capacité, remplies également, ont rendu un résultat différent; ce qui provient de différentes causes que nous croyons inutile de préciser dans ce moment.

M. Lacroix de Font-de-Pierre doit également s'être mépris sur le produit de sa cuve : ce qu'il en dit implique littéralement contradiction.

« Ayant fait mettre, dit-il, dans une de mes cuves » des raisins non égrappés, *pour la quantité de cinq* » *muids*, p. 97, il a fait décuver *près de six muids* de » vin, celui du pressoir compris, page 98; après quin- » zaine il a fait ouiller ses tonneaux, il lui est resté en » définitif *plus de cinq muids et demi*, page 99. »

Comment serait-il possible que n'ayant mis dans sa cuve que pour la *quantité de cinq muids* de raisins, il en ait eu d'abord *près de six*, et en définitif plus de *cinq et demi?* d'où il serait évident qu'il aurait obtenu, avec l'appareil, plus de vin qu'il n'en aurait mis dans la cuve.

Nous regrettons qu'il n'ait pas soumis à l'*épreuve* de l'aréomètre la liqueur, aussi claire que l'eau, qu'il a obtenue par le robinet ; qu'il n'en ait pas constaté la quantité, puisqu'elle avait fini par avoir le goût et le feu de l'eau-de-vie. Quant à la couleur jaune qu'elle n'a pas tardé de prendre, elle provenait, d'un côté, de l'air ; et de l'autre, de l'oxide du ferblanc qui se serait attaché aux parois de sa taupette, s'il avait gardé comme nous les produits de son expérience.

Nous pourrions multiplier les observations, les objections sur les attestations, mais nous serions entraînés à des détails, à des répétitions aussi longues qu'inutiles. Nous avons opposé des expériences, des principes : l'on pourra apprécier les uns et vérifier les autres.

On nous objectera que le gouvernement a donné un brevet d'invention pour le procédé, ce qui prouve en sa faveur. Nous répondrons, pour ceux qui l'ignorent, que le gouvernement accorde des brevets d'invention à tous ceux qui en demandent ; que ces brevets d'invention sont délivrés aux périls et risques des inventeurs, qui sont tenus d'acheter leurs brevets par des sacrifices pécuniaires. Le gouvernement ne garantit rien quant à leur mérite : leur délivrance justifie seulement que les moyens inventés sont sans danger ou sans inconvéniens, et à cet égard on s'est quelquefois trompé. On nous objectera encore l'autorité de M. Chaptal, dont la lettre du 17 Décembre 1820 semble reconnaître et accréditer la plus grande partie des avantages prétendus par M. Gervais. Quiconque a lu avec attention l'opuscule, conviendra qu'il n'y a pas lieu d'être étonné que M. Chaptal ait à peu près approuvé le procédé, quoiqu'il avoue, non pas d'avoir lu l'ouvrage de M. Gervais, « mais d'avoir eu à peine le temps de le par-» courir. »

Nous avons lu cette approbation et celle de M. François de Neufchâteau, nous avons admiré l'urbanité de ce dernier; mais nous avons cru qu'il s'était beaucoup trop pressé de dire que le procédé était fondé sur la théorie.

Avant d'examiner la théorie de M. Gervais, nous ne devons pas négliger d'observer que l'idée, la conviction de la perfectibilité universelle du procédé vinificateur l'a induit fortement en erreur sur des questions purement physiques.

Il nous promet, page 90, un pèse-vin parfait, « qu'on » n'a jamais pu réussir à bien faire, parce qu'il fallait, » dit-il, pour que l'usage d'un pèse-liqueur fût prati-» cable, que la fabrication du vin fût perfectionnée *au* » *point que le vin ne pût prendre que la juste quantité* » *de saveurs nécessaires à la plus parfaite proportion* » *de ces principes*, qu'il fût à l'abri de celles qui y sont » nuisibles; il fallait tous les avantages que présente le » procédé, *pour faire un vin fini et parfaitement com-* » *posé*. C'est donc pour ce vin qu'il se propose de pu-» blier un aréomètre, pour indiquer par anticipation la » quantité d'esprit qu'il contient, et la connaissance de » la force spiritueuse qu'il possède. »

Il est vraiment inconcevable qu'il soit possible de se tromper aussi complétement.

Comment peut-on se flatter d'avoir résolu si facilement deux problêmes très-difficiles à résoudre : celui d'une parfaite vinification, quoiqu'il arrive, et celui d'un instrument appréciatif des quantités d'élémens alcooliques de tous les vins faits avec le procédé, sans les avoir dégagés des corps étrangers qui augmentent plus ou moins leur densité.

On ne lit pas un mot, on ne trouve pas une preuve dans l'opuscule, qui justifie que l'appareil ait la faculté miraculeuse de mettre le vin à l'abri des principes nuisibles que peut contenir le mout avant et pendant la fermentation. Nous n'avons rien vu qui prouve que le vin fabriqué avec le procédé sera perfectionné au point de prendre la juste quantité de saveurs nécessaires à la plus parfaite proportion de ces principes.

Nous avons observé à part quelques assertions que nous croyons avoir détruites; nous avons observé, disons-nous, que l'opuscule tend à prouver que le procédé a essentiellement pour but de conserver ou de ramener dans la masse fermentante, non-seulement tous les élémens qui s'y trouveraient, suivant la méthode ordinaire, mais encore tous ceux qui sont susceptibles de s'évaporer, de se volatiliser, même le gaz acide carbonique.

Pour donc que le vin fabriqué avec l'appareil ne puisse prendre que la juste quantité de saveurs nécessaires à la plus parfaite proportion de ces principes, il faudrait que le mout possédât avant la fermentation cette juste quantité de saveurs, cette invariable proportion de principes; car le procédé ne les change ni ne les modifie pas chimiquement. Le procédé est matériel et mécanique, il ne peut donc pas chimiquement rétablir des proportions que la nature n'aura pas mises dans le mout. Quel est celui qui ignore que cette proportion et cet équilibre ne se rencontrent que rarement, qu'ils varient presque tous les ans?

M. Gervais ignore-t-il que le fruit de la vigne ou le vin qui en provient, participe peut-être plus qu'aucun fruit d'un autre arbuste, des vices ou des qualités des terres, et de la nature des engrais employés pour les fertiliser?

Par exemple, M. Gervais trouve dans les principes salins un obstacle insurmontable à la pénétration d'un pèse-vin. Nous lui demanderons comment le procédé empêchera que les vins de l'île de Rhé et de l'île d'Oleron aient un goût saumâtre qu'ils ont toujours eu, et qui provient de ce que la vigne est fumée avec du varec employé tel qu'on le ramasse sur les bords de la mer? Comment le procédé empêchera-t-il que certains vins aux environs de Paris et ailleurs (nous ne les indiquerons pas) conservent un goût et une odeur plus détestable encore, à raison de la nature des engrais fabriqués avec des matières tout-à-fait nauséabondes?

Comment empêchera-t-il que les vins faits avec son procédé, ou bien encore avec la méthode ordinaire, contiennent plus ou moins d'acide malique, plus ou moins de tartre, plus ou moins de mucilage, plus ou moins de parties colorantes, plus ou moins de parties solubles ou insolubles qui sont étrangères au vin en suspension dans le liquide, et qui toutes augmentent plus ou moins la densité des vins?

Ces élémens, avec l'appareil, ne seront-ils pas toujours plus ou moins abondans ou prédominans les uns à l'égard des autres?

Tous par conséquent, et plus ou moins encore, s'opposeront à la pénétration du pèse-vin dans le liquide, et, relativement à leurs facultés, augmenteront plus ou moins sa densité.

En deux mots, les vins seront ce qu'ils ont toujours été, ce qu'ils seront toujours, tant que le procédé n'y ajoutera rien qui puisse y manquer, ou n'enlevera rien de ce qu'il pourrait y avoir de trop.

Il en résulte incontestablement que le problême restera entier, et que le pèse-vin de M. Gervais sera toujours mauvais, incomplet autant que ceux de M. Chevalier, opticien, quai de l'Horloge, à Paris.

Voici au reste le problême tel qu'il nous semble devoir être résolu, avant de pouvoir affirmer qu'un œnomètre est bon et parfait.

Trouver le moyen de précipiter instantanément sans laboratoire ni opérations de fourneaux, sans décomposer les vins rouges et blancs, surtout ceux qui ont de la liqueur, et qui sont en nouveau ce qu'on appelle gras; trouver, disons-nous, le moyen de précipiter tous les corps étrangers qui se trouvent ou peuvent se trouver dans tous les vins, excepté l'alcool et la partie aqueuse dans laquelle l'alcool libre se trouvera confondu et susceptible d'être apprécié et pesé rigoureusement, en ayant égard au degré de la température, et bien mieux encore si on peut parvenir de n'être pas forcé de le prendre en compte.

Le pèse-vin alors indiquera la quantité d'alcool contenue dans tous les vins, sans erreur, sans mécompte, parce que la pénétration de l'instrument ne sera pas contrariée; il ne pesera, il ne s'enfoncera que dans une liqueur dégagée de corps étrangers et pondérable comme l'alcool lui-même.

On jugera facilement, d'après ces explications, combien il est difficile de parvenir à faire un bon pèse-vin.

FIN DE LA PREMIÈRE PARTIE.

SECONDE PARTIE.

RÉFLEXIONS

SUR

L'OPUSCULE DE M. GERVAIS.

L'œnologie a beaucoup à se plaindre de l'oubli où l'ont laissée un grand nombre de chimistes qui ont le génie et les connaissances nécessaires pour sortir l'art de faire le vin de la routine et des mauvaises méthodes dans lesquelles cet art se traîne depuis très-long-temps. Les savans ne sont pas agronomes, ou dédaignent l'étude qu'exigent certains travaux de l'agriculture. Quand l'espoir de faire des découvertes brillantes qui immortalisent ou enrichissent sera perdu, chacun sans doute adoptera une branche de la science dont il s'occupera de développer toutes les richesses.

« Quoique le phénomène de la fermentation soit celui » qui ait été le plus anciennement observé, quoiqu'il » n'y en ait point qui ait été le sujet de plus de médi- » tations, et qui ait donné lieu à plus d'expériences, » cependant, par un contraste qu'on ne rencontre que » rarement dans les annales de la science, c'est peut-être » celui que nous connaissons le moins ; toujours ce fut

» une espèce d'écueil contre lequel vinrent se briser les » efforts des chimistes de tous les âges (1). »

Les ouvrages de Bidet, de Maupin, de Bertholon, de Legentil, avaient répandu, il y a quarante ans, beaucoup d'intérêt sur l'art de faire le vin, sur l'époque du décuvage, et sur quelques phénomènes de la fermentation.

Ces auteurs eurent le malheur d'écrire à une époque où la chimie n'avait pas encore soumis à des analyses rigoureuses tous les élémens qui depuis ont été livrés à son immense investigation.

On est tout surpris, en lisant avec attention les mémoires de Bertholon et Legentil, de voir combien il existait alors d'erreurs, de préjugés sur la matière qui nous occupe.

La pratique habituelle n'a conservé aucun des trois ou quatre œnomètres que Bertholon avait imaginés pour découvrir l'époque fixe du décuvage.

Nous avons vu avec peine cependant, que M. Chaptal ait qualifié de rapsodie théorique le mémoire de Bertholon (2). Il viendra un temps où les agriculteurs-pratiques lui rendront plus de justice.

L'esprit observateur et les grandes connaissances œnologiques que possédait Legentil auraient eu besoin d'être guidées et éclairées par la théorie actuelle. Il est vrai que l'Académie de Montpellier ne fut pas juste en accordant le prix à Bertholon; car, jusqu'à présent, ce sont les indications et le concours des signes que Le-

---

(1) Thénard, Annales de chimie, tome 46.

(2) Chaptal, dernière édition, pag. 71 et 72.

gentil avait bien reconnus et indiqués aux agriculteurs sur l'époque vraie du décuvage, qui nous servent et ont servi dans beaucoup de cantons d'unique guide, de règle invariable.

M. Gervais, dans son opuscule, nous fournira l'occasion de revenir sur cet objet important.

Lavoisier, que la France et l'Europe savante réclameront sans cesse à ses bourreaux, avait admirablement soulevé le voile du mystère, jusques-là impénétrable, de la fermentation, dans son expérience et son travail sur la décomposition des oxydes végétaux par la fermentation vineuse.

Non-seulement cet homme immortel a été la déplorable victime de la révolution, mais un mémoire considérable qu'il annonce positivement, dans son Traité élémentaire de chimie, avoir donné à l'Académie des sciences, sur la fermentation vineuse, mémoire dont il promettait l'impression prochaine, est ou perdu, ou peut-être plutôt relégué dans quelques dépôts avec beaucoup d'autres sans doute, d'où il serait bien temps de les exhumer. Le gouvernement ne manquera pas de renseignemens, nous l'espérons, s'il veut remonter à la source, et augmenter, par l'impression de ces monumens précieux, les progrès des sciences positives.

Nous n'oublierons pas de parler de Fabroni, auquel l'œnologie doit infiniment. Il est possible que ses nombreuses expériences aient suggéré celle de Lavoisier : il est le premier qui ait cherché, par l'analyse, les conditions, les élémens, les phénomènes de la fermentation. Malheureusement il a étudié et écrit sous l'empire de l'ancien système du phlogistique, qui depuis a été reconnu erronné.

Rozier, dans son Dictionnaire d'agriculture, avait rédigé l'article de la fermentation vineuse avant la découverte de Lavoisier; il s'était laissé guider par la théorie stahlienne sur le phlogistique; cependant, malgré le vice reconnu de ce système, il est impossible de ne pas reconnaître l'agriculteur-pratique, l'homme observateur qui a fait et vu beaucoup.

Il avait eu le temps de profiter des découvertes de Lavoisier et de celles de la chimie moderne, pour terminer l'article VIN, qui lui restait à donner dans son Dictionnaire d'agriculture; mais il fut écrasé par une bombe en 1793, pendant le siége de Lyon. Son travail, qu'il avait fini sur la vinification, fut pillé et perdu: ainsi la fin et les ouvrages de deux hommes célèbres, qui auraient perfectionné l'œnologie, ont eu, en quelque sorte, une douloureuse et affligeante conformité.

C'est à la perte du mémoire de Rozier que nous devons l'ouvrage le plus considérable sur l'art de faire, de gouverner le vin, par M. Chaptal.

Au lieu de se livrer à des expériences, afin de perfectionner une science qui semblait n'attendre que lui, cet auteur a préféré l'agriculture de tradition et de cabinet à l'agriculture pratique. La chimie ne doit pas dédaigner de s'enrichir des faits que lui présente la pratique des ateliers; les travaux, qui s'y exécutent sur de grandes masses, offrent souvent à l'observateur des circonstances qu'il serait difficile de reproduire dans les expériences des laboratoires, et des résultats qui peuvent être de nature à résoudre quelques problèmes de théorie avec autant de certitude que les travaux analytiques les plus exacts. C'était donc par des observations et des recherches personnelles, plutôt que par l'adoption de beaucoup d'antécédens erronnés de l'œnologie, que M. Chaptal pouvait parfaitement éclairer les agriculteurs. N'est-il pas affligeant de ne trouver, dans sa première édition, que l'expérience de Lavoisier sur un mout artificiel, celles de Macquer, de Bullion, de Poitevin, de Legentil, qui avaient alors de quinze à vingt-cinq ans de date? N'est-il pas incroyable de retrouver ces mêmes expériences vingt ans plus tard dans la dernière édition? M. Chaptal a fini par parler de Fabroni, qu'il paraît n'avoir connu qu'à l'époque de l'ouvrage de la Chimie appliquée aux arts : si les connaissances chimiques de M. Chaptal avaient été soutenues par la pratique depuis vingt ans, il aurait mieux rempli le titre de l'ouvrage que nous avons rappelé.

Fourcroy s'est spécialement occupé des conditions de la fermentation vineuse, mais il n'a fait aucune expérience nouvelle utile à l'œnologie.

Thenard, dans son mémoire sur la nature du ferment, a détruit plusieurs erreurs sur la cause fermentescible, attribuée à plusieurs agens qui ne sont rien, qui ne sont pas nécessaires pour la fermentation ; mais combien ne reste-t-il pas de questions à éclaircir?

Gay-Lussac, par ses essais sur la conversion du sucre en alcool, a résolu un point important pour améliorer le mout trop aqueux, trop acide, et corriger le manque du principe sucré : les applications restent à faire et à préciser. L'expérience sur l'influence de l'air atmosphérique, ou plutôt de l'oxygène sur la fermentation, est aussi lumineuse que décisive.

Thompson ne s'est spécialement occupé de la fermentation spiritueuse que sous le rapport de la fabrication de la bière.

Klaproth, dans son article *fermentation*, n'a fait que résumer analytiquement tout ce qu'il a cru trouver de plus positif sur cet objet.

En général, tous ces derniers auteurs ne se sont occupés de la fermentation spiritueuse que pour rendre compte d'un phénomène très-extraordinaire de la nature; et cela, sous le rapport de tous les fruits et des matières susceptibles d'une fermentation spontanée et vineuse : ils n'ont pas songé à faire des expériences et une application particulière de la chimie à l'art de perfectionner la vinification.

Reste que l'œnologie et presque toutes ses couronnes attendent le savant qui lui associera son nom.

Il faut convenir qu'il existe de grandes difficultés: une des plus importantes résulte des changemens instantanés qu'éprouvent sans cesse, et même inévitablement, les élémens qu'il faut étudier, analyser, et soumettre à des expériences.

Viennent ensuite les anomalies sans nombre : anomalie de climat, anomalie de cépage, anomalie de maturité, anomalie de température, anomalies résultantes de toutes les variétés possibles des terrains qui modifient de mille manières la matière élémentaire.

Quelques expériences peuvent se faire en petit; la plupart doivent être faites sur une échelle assez grande pour pouvoir être appliquées à toute espèce de culture:

sous ce rapport, elles peuvent devenir très-coûteuses.

Plusieurs expériences comparatives auront besoin de quelques années d'attente et de soins comparatifs, différens et égaux, pour avoir des résultats fixes et certains.

Un des grands obstacles pour parvenir à un procédé vinificateur parfait, provient de ce qu'on ne peut faire d'expériences qu'à l'époque des vendanges. Tandis que le chimiste travaille sur des substances définies, similaires, invariables par leur nature, susceptibles d'être isolées ou recomposables à volonté, et toujours à sa disposition; dont il a la faculté de combiner, de modifier toutes les proportions; qu'il peut indéfiniment répéter ses essais, et parvenir à la solution du problême qu'il s'est tracé, ou à la découverte qui fait l'objet de ses recherches : l'œnologue voit incessamment les matériaux de ses expériences se modifier, se décomposer, changer de nature malgré lui; il peut, il est vrai, muter le mout du vin blanc : il pourrait employer le mutisme sur le mout du vin rouge; mais il ne peut pas conserver le marc de la vendange et d'autres élémens avec leurs caractères primitifs. Il peut aussi composer un mout ou plusieurs mouts artificiels; mais ces mouts ne pourront servir qu'à l'explication, à la vérification de quelques phénomènes, et non pas de ceux qui se présentent avec le fruit de la vigne.

Ce n'est pas tout encore. Il faut bien dire un fait qui pourra paraître incroyable, impossible même dans le dix-neuvième siècle, et qui néanmoins est très-vrai : c'est que les agriculteurs ne sont pas d'accord entr'eux sur le nom d'une seule espèce ou variété indigénée de la vigne. Si le gouvernement ou un intérêt commun réunissait cinquante vignerons de cinquante départemens, quoique tous Français, le même cépage serait désigné par cinquante, que disons-nous, par plus de cent noms différens; sans qu'à l'exemple des maçons de la plaine de Sennaar, aucun cultivateur fût compris ou pût comprendre les autres cultivateurs, lorsque chacun à son tour voudrait qualifier ou indiquer le nom d'un raisin qui serait sous leurs yeux. Conçoit-on qu'en France, depuis la perte de nos plus belles colonies, lorsqu'il est question de la matière première d'une marchandise qui est devenue l'article le plus important de nos exportations; lorsqu'il s'agit de la matière imposable la plus productive au fisc, sous toutes les formes variées, dans tous les mouvemens qui l'atteignent et qui l'imposent, des hommes qui parlent la même langue, qui cultivent de père en fils depuis des siècles le même arbuste; des hommes qui ne sont éloignés dans leurs habitations que de quelques lieues, qui ne sont séparés dans leurs propriétés que par une rivière, ne se comprennent pas lorsqu'ils parlent de l'objet principal de leur culture, de leurs travaux, de leur fortune?

Nous savons bien que l'on considère une synonymie générale de tous les plants de vigne cultivés en France, comme impossible, inutile à certains égards, parce que le vigneron, dit-on, connaît mieux que l'agriculteur-propriétaire la nature des cépages les mieux appropriés, localité par localité.

Nous convenons qu'une synonymie générale est excessivement difficile; cependant nous croyons à la possibilité d'une synonymie par départemens d'abord, par chaque grand bassin de la France où la vigne est cultivée; ensuite, définitivement pour toute la France, en étudiant sur ces divers points de réunion, et sur leurs terrains habituels, chaque espèce avec ses caractères particuliers.

Nous ne partageons pas non plus l'opinion que nous discutons, sur la confiance que le propriétaire doit avoir dans les connaissances pratiques et locales du vigneron. Il existe deux moyens de revenu dans la culture des vignes, la quantité et la qualité; dans ces deux buts, tous opposés, le propriétaire doit régler le choix de ses cépages : il doit être, sous tous les rapports, vis-à-vis de ses vignerons, comme l'architecte vis-à-vis des tailleurs de pierre (1).

Nous aurions encore à cet égard, et sous plusieurs autres rapports, beaucoup d'autres choses à dire; mais on nous objecterait que ce n'est pas le lieu, et l'on aurait raison.

En résumé, la découverte de la théorie, de procédés et d'instructions applicables à toutes les circonstances de l'art de faire le vin, est un bienfait immense que l'agriculture attend des travaux et de l'étude des savans.

L'opuscule de M. Gervais est surtout remarquable par l'absence des principes et des connaissances pratiques et élémentaires qui devraient servir d'introduction et d'encouragement pour l'adoption du procédé de mademoiselle sa sœur.

Il nous reste à le prouver.

---

(1) Où en serait-on, si on avait abandonné l'immense domaine de la botanique à la mémoire et aux connaissances locales des jardiniers.

CHAPITRE PREMIER.

De la vigne, de son fruit, ou de la matière du vin.

DEUX petites pages et demie renferment tout ce que M. Gervais a voulu nous dire sur un sujet qui pouvait fournir la matière d'un grand travail.

Il n'était pas indispensable de s'occuper de la culture de la vigne dans un ouvrage consacré à la vinification; mais il était nécessaire de réunir, à défaut de faits et d'expériences positives, tout ce que la science peut nous apprendre sur la matière du vin.

Quant au fruit, on aurait dû nous donner les détails physiologiques de la graine de raisin: Fabroni pouvait fournir un article extrêmement intéressant à notre auteur.

L'opuscule étant destiné à décider les agriculteurs vignicoles à mettre de côté tous les procédés connus, usités, pour en adopter un tout-à-fait inusité, nous pensons qu'il convenait de bien faire connaître la matière du vin, c'est-à-dire, l'analyse chimique de tous les élémens qui composent le mout, analyse qui n'a pas encore été faite : il convenait de nous indiquer les proportions nécessaires de ces divers élémens entr'eux, les moyens de reconnaître ces proportions, dont dépend le produit plus ou moins parfait de la fermentation vineuse.

M. Gervais s'est contenté de nous assurer que le procédé procurait cette parfaite proportion de principes vinificateurs : si l'appareil possédait cet avantage, nos soins seraient superflus, nous n'aurions plus besoin d'étude, de livres de sciences, d'expériences pour l'œnologie : tout serait dit, écrit et reconnu.

Malheureusement il reste beaucoup plus à faire que ce qu'il y a de fait.

M. Gervais a puisé presque toute sa théorie dans Rozier et Legentil ; il a copié dans M. Chaptal tout ce qu'il a cru assez concluant pour faire adopter son procédé : il en résulte qu'il renouvelle et perpétue une foule d'erreurs que nous essayerons de détruire.

Mourgues et Bertholon ont soutenu qu'il n'y avait que les végétaux muqueux qui fussent susceptibles de fermenter ; ils établirent trois espèces de muqueux.

Legentil prétendit que le corps muqueux était le seul qui puisse subir la fermentation spiritueuse ; il reconnut aussi trois espèces de muqueux.

Cependant, ne pouvant expliquer quelques phénomènes de la fermentation avec le système unique des corps muqueux, comme seuls et uniques principes fermentescibles, il dit, page 168 : « Il est prouvé que le » corps muqueux, ou si l'on veut la substance sucrée, » est seule susceptible d'éprouver la fermentation. »

Rozier empira encore sur ses devanciers ; son Dictionnaire d'agriculture étant dans les mains de beaucoup d'agriculteurs, il n'a pas peu contribué et contribue encore à retarder et empêcher les progrès et l'instruction des agriculteurs qui s'occupent de bien faire le vin.

Voici l'abrégé de sa théorie.

« Les corps muqueux, tels que les gommes, les

» mucilages, sont les seules substances susceptibles de » fermenter.

» Ces substances, unies au principe sucré, donnent » une liqueur spiritueuse avec le concours de la fluidité » et de la chaleur.

» Le principe sucré ne change jamais sa manière » d'être; les corps muqueux acquièrent des transitions » marquées nombreuses, d'où il résulte quatre espèces » de muqueux : 1.° le muqueux est fade ou insipide; » 2.° acide ou aigre; 3.° austère ou âpre; 4.° doux ou » sucré.

» Ces quatre muqueux, unis au principe sucré, four- » nissent un vin chacun à leur manière. »

Il était difficile de réunir plus d'erreurs, d'établir des bases plus fausses sur les élémens de la fermentation.

La nouvelle école de chimie a détruit ces erreurs, que Rozier se serait empressé de reconnaître, si son travail sur l'article VIN nous était parvenu.

Fourcroy dit : « Toutes les substances muqueuses sont » absolument incapables d'éprouver la fermentation » vineuse. »

L'expérience de Lavoisier a démontré invinciblement que la matière sucrée était la seule susceptible d'éprouver la fermentation spiritueuse. Avec de l'eau, du sucre, et de la levure de bière comme ferment, sans mucilage, sans gomme, sans muqueux, il obtint en alcool pur un peu plus de 11 pour % de la masse fermentée.

Thenard a répété cette expérience; les résultats qu'il a obtenus sont peu différens de ceux de Lavoisier.

Nous voyons des personnes aux vendanges, qui, en touchant du mout, sans attendre que l'air ait absorbé la partie aqueuse que le mout doit contenir avec le principe sucré, sans savoir dans quelle proportion ces deux élémens doivent se trouver ensemble pour la parfaite qualité de nos vins, vous disent que, le vin ne vaudra rien, si leurs doigts ne se collent pas de suite en les sortant du mout : il semblerait qu'ils devraient toucher une matière siropeuse, tandis que, dans les années les plus remarquables par leur qualité, le mout n'a jamais ni ne doit avoir une viscosité poissante; tandis que la fermentation d'un mout, comme celui que cherchent ces personnes, serait excessivement lente, donnerait un vin qui serait doux et liquoreux.

C'est si vrai, qu'en faisant un mout artificiel composé de quatre parties d'eau et d'une partie de sucre, mout artificiel très-riche en parties sucrées, on trouvera que les doigts plongés dedans ne se collent les uns contre les autres qu'après une assez longue attente.

Comme nous entendons tous les jours préconiser et défendre la vieille théorie des muqueux, disons donc que tous les muqueux ont été mis de côté, en ce qui concerne les élémens fermentatifs et vinificateurs du mout : on ne se sert plus de cette expression que pour expliquer les substances vraiment muqueuses, comme celles qu'on obtient de la graine de lin, du pepin de coing, des racines bulbeuses, etc. Thompson, tome 4, page 50.

Dans son ouvrage sur l'Art de faire le vin, M. Chaptal a, comme de raison, abandonné le système des muqueux; toutefois il est à regretter qu'il n'ait pas fait ressortir que la théorie de ses prédécesseurs était vicieuse et erronée.

Voyons quelle est la doctrine de M. Chaptal sur les principes constituans du mout.

« Le principe doux et sucré, l'eau et le tartre, sont » les trois élémens qui *paraissent* influer le plus puis» samment sur la fermentation » (1).

Ainsi, M. Chaptal avait oublié ou n'avait pas connu l'élément, le principe le plus essentiel, celui sans lequel il n'y a pas de fermentation : nous voulons dire le ferment ou la levure.

« Le principe sucré, la matière douceâtre ou la *levure*, » l'eau et le tartre, sont les élémens qui *paraissent* » influer le plus puissamment sur la fermentation. » Telle est la nouvelle rédaction de M. Chaptal dans sa dernière édition (2).

Ainsi, cet auteur ne s'explique pas encore d'une manière positive sur les élémens constituans du mout de raisin : nous avons remarqué que, dans les deux éditions citées, M. Chaptal cherche presque toujours à éluder les assertions affirmatives; ce qu'il aurait bien certainement évité, s'il avait vu et expérimenté par lui-même. Il prétend ailleurs : « l'air est donc le premier ferment » qui commence la décomposition du mout » (3).

Par conséquent, l'air serait un principe constituant : ce qui, dans tous les cas, est une erreur complète, en supposant qu'on prétendît que notre conséquence est forcée.

---

(1) Page 66, édition 1801.

(2) Page 110, édition 1819.

(3) Page 102, édition 1819.

L'air, ou plutôt l'oxygène, n'est pas un ferment; il n'est pas agent, mais cause première : c'est l'indispensable procréateur de la fermentation. Dès que l'oxygène a donné l'impulsion à la fermentation, il cesse d'être nécessaire dans les diverses périodes qu'elle doit parcourir.

M. Chaptal a reconnu lui-même que la fermentation n'absorbait pas d'air atmosphérique (1).

Gay-Lussac dit qu'une fois que la fermentation est commencée, elle continue sans le secours du gaz oxygène.

Le ferment ou la levure est-il l'unique élément ou principe fermentescible dans la fermentation vineuse, ou bien existe-t-il plusieurs agens de la même nature pour opérer la vinification?

Thenard déclare qu'il est loin d'être disposé à admettre plusieurs principes fermentescibles; que tout, au contraire, le porte à croire qu'il n'y en a qu'un seul; puisqu'en effet, dit-il, l'extractif, le mucilage et le *tartre* n'agissent point sur le sucre. *Annales de chimie*, tome 46.

Thenard et Chaptal ne sont donc pas d'accord sur l'influence du tartre.

Le marquis de Bullion a fait plusieurs expériences qui, selon lui, tendent à prouver que le mout, dépouillé du tartre, ne fermente pas (2); il prétendit même que l'excès du tartre dans le mout facilite la fermentation, concourt à rendre la décomposition du

---

(1) Page 61, édition de 1801; page 110, de 1819.

(2) Expériences 69, 70, 71 de Fabroni.

sucre plus complète, puisqu'il assure avoir obtenu infiniment plus d'eau-de-vie d'un vin dont le mout avait été additionné de parties sucrées et de tartre, que d'un autre vin, égal d'ailleurs, auquel on n'avait rien ajouté (1).

Thenard, qui n'a pas admis la nécessité et l'influence du tartre dans la fermentation vineuse, répond par des faits. Les groseilles, les poires, les pommes, les cerises, dit-il, ne contiennent pas de tartre, et ces fruits subissent cependant la fermentation vineuse, et produisent de l'alcool.

L'expérience de Lavoisier prouve aussi que le tartre n'est pas un agent fermentescible et nécessaire pour la fermentation vineuse; car il ne l'employa pas, et il obtint de l'alcool.

On a eu la bonté de nous communiquer le livre-journal des observations faites dans une grande manufacture d'alcool par le moyen de la fermentation de mouts artificiels (2) : jamais le tartre n'a été employé, et les produits alcooliques de cette manufacture ont été ce qu'ils devaient être en proportion des parties sucrées employées.

M. Chaptal lui-même, bien qu'il ait adopté le système du marquis de Bullion, rapporte une expérience qui est à peu près la seule qui lui soit personnelle, expérience qui prouve que le tartre n'est pas indispensable pour obtenir une fermentation vineuse et complète (3).

Néanmoins, nous avons vu qu'il admet le tartre

---

(1) Expériences 73, 74 de Fabroni.

(2) Pendant les années 1816, 1817.

(3) Page 61, édition de 1801; et 100 de la dernière, 1819.

comme principe constituant du mout: à l'appui de l'influence qu'il lui attribue, il cite une expérience de M. le marquis de Bullion (1).

En effet, si on analyse et réduit à un calcul rigoureux les résultats de l'expérience citée par M. Chaptal, sur l'influence du tartre, sur les effets que produit sa présence dans le mout, ces effets sont tellement importans, qu'ils deviennent tout-à-fait incroyables.

Justifions cette dernière assertion: on nous dit qu'on a ajouté 10 livres cassonade, plus 4 livres crême de tartre, au mout d'expérience.

D'après les expériences de Gay-Lussac, établissons d'abord que ces 10 livres sucre n'ont pu produire que 5 livres $\frac{134}{1000}$ d'alcool pur en poids (2).

Sept pièces de vin opérées avec les additions ci-dessus mentionnées, en les supposant de 228 litres chacune, donnent pour total 1,596 litres de vin.

Ces 1,596 litres de vin ont produit une pièce et demie d'eau-de-vie à 19 et demi degrés : (nous supposons cette pesanteur spécifique, pour avoir une base quelconque).

Une pièce et demie de 228 litres, la pièce donne 332 litres d'eau-de-vie.

Les sept pièces vin traitées sans addition de sucre et de tartre n'ont produit qu'un *douzième* d'eau-de-vie au *même degré*.

Par conséquent, les 1,596 litres de liquide sans additions n'ont produit que 133 litres d'eau-de-vie.

---

(1) Pages 71, 72, édition de 1801, et 127 de la dernière.

(2) Annales de chimie, t. 95, p. 318.

D'où il résulterait que 10 livres cassonade et 4 livres crême de tartre auraient procuré, sur les deux quantités égales de vin, un bénéfice de 199 litres d'eau-de-vie en faveur du mout additionné.

Duquel bénéfice il faut déduire tout l'alcool que pouvaient produire physiquement les 10 livres cassonade qui, comme nous l'avons dit, ne peut pas avoir donné au-dessus de 5 livres $\frac{234}{1000}$ en poids d'alcool pur; ce qui égale 3 litres $\frac{149}{1000}$ en volume, soit 6 litres $\frac{175}{1000}$ eau-de-vie à 19 et demi degrés, répondant à 51 pour % de l'alcool pur.

Récapitulons tous ces résultats.

332 litres eau-de-vie résultant du produit des 7 pièces d'expérience :

Produit des 7 pièces vin sans addition..	133 » lit.
Produit des 10 livres cassonade.........	6 175
Total...........	139 175
Par conséquent l'influence de la crême de tartre a produit, sur 7 pièces de vin, soit 1,596 litres...................	192 825
Quantité égale..........	332 litres.

D'où il faudrait conclure que 4 livres de crême de tartre auraient procuré et produit beaucoup plus d'alcool que tout le principe sucré des 7 pièces de vin, et même des 10 livres cassonade qu'on avait ajoutées au vin d'expérience.

Si M. Chaptal avait analysé l'expérience qu'il a citée, qui lui a servi à soutenir l'influence du tartre dans les produits du mout, pas de doute qu'il ne l'eût repoussée comme très erronnée : ou bien si, par impossible, l'expérience est exacte, comment, depuis une découverte aussi précieuse pour augmenter si puissamment tous les produits alcooliques, les agriculteurs n'employent-ils pas la crême de tartre pour additionner leur mout d'un agent si favorable, si utile?

Ainsi, les auteurs ne sont pas tout-à-fait d'accord sur ce point de savoir si, dans la fermentation vineuse, il existe un seul agent, un seul élément fermentatif, à raison de son essence et de son affinité avec l'oxygène, ou s'il en existe plusieurs.

Quelle est la proportion en poids rigoureusement nécessaire de ce ferment, relativement à la masse?

Lavoisier, dans son expérience, avait mis 2 pour % de levure en pâte; tout le sucre ne s'était pas décomposé, n'avait pas concouru à la formation de l'alcool qu'il obtint de la fermentation. Nous croyons qu'il y avait assez de ferment et plus qu'il n'en fallait, et que tout le sucre ne s'est pas décomposé, non par l'absence de ferment suffisant, mais par quelque faute de manipulation. Il prétend que sur 300 parties sucre il faut $^1/_{24}$ de levure desséchée, ce qui fait plus de 4 pour % (1).

Thenard, sur 300 parties de sucre, avait mis 60 parties de ferment; mais il trouva 40 parties de ferment non décomposé : il y en avait donc évidemment beaucoup trop.

En examinant la composition d'un grand nombre d'expériences faites sur de très-grandes masses de mout

(1) Klaproth, t. 2, p. 393.

artificiel de la manufacture d'alcool dont nous avons parlé, nous pouvons assurer que la proportion du ferment n'a jamais excédé 1 $^{3}/_{4}$ pour $^{\circ}/_{\circ}$ de la masse, et le ferment était en pâte. Le plus souvent la quantité de ferment ne s'élevait qu'à 1 pour $^{\circ}/_{\circ}$ et moins.

Une expérience comparative de deux cuves contenant chacune 370 veltes de liquide, ont été opérées, l'une avec 4 veltes de levure en pâte, l'autre avec 7 veltes: la fermentation de la cuve avec 4 veltes a été plus rapide, plutôt achevée que la fermentation de la cuve avec 7 veltes : les produits alcooliques ont été les mêmes.

Ainsi, il y a incertitude, défaut de connaissance exacte sur les proportions voulues du ferment nécessaire à la fermentation.

On n'est guère mieux fixé sur la nature de ce principal agent de la fermentation.

Les expériences de Thenard tendent à prouver que le ferment du mout de raisin est de nature animale, qu'il en a les caractères chimiques.

Gay-Lussac, p. 254, vol. 76, Annales de chimie, dit : « En se reportant à la fermentation, et en se rap-
» pelant que *le sucre et la levure de bière fermentent*
» *sans le contact de l'air*, tandis que le mout du raisin
» n'a point cette propriété, on sera forcé d'admettre
» qu'il existe une différence essentielle entre la levure
» de bière et le ferment du raisin. »

Nous nous permettrons, avec la plus grande défiance de nous-mêmes, d'observer que la conséquence que Gay-Lussac a déduite pour justifier qu'il existe une différence entre la levure de bière et le ferment du raisin;

nous observerons, disons-nous, que cette conséquence n'est pas juste.

Il est vrai que dans l'expérience de Lavoisier, dans celle analogue de Thenard, dans l'expérience enfin citée par M. Chaptal (1), la levure de bière, le sucre ou la mélasse, dissous dans l'eau, ont fermenté sans le contact de l'air, et même dans le vide parfait.

Il est vrai que Gay-Lussac a démontré incontestablement que le mout du raisin ne fermente pas dans le vide : d'où il résulterait, suivant ce célèbre chimiste, qu'il existe une différence dans la nature du ferment ou levure de bière, et du ferment ou levure du mout de raisin.

Mais il n'a pas observé qu'il n'y a aucune similitude dans ces expériences comparatives; que les fermens de bière dans les expériences faites, et le ferment du mout de raisin dans l'expérience extrêmement curieuse qu'il a faite, ne se sont pas trouvé placés dans des circonstances chimiquement égales.

Dans les expériences de Lavoisier et autres,

1.° La levure de bière s'était oxygénée dans plusieurs circonstances de la fabrication ou de la manipulation avant les expériences;

2.° Le sucre et la mélasse s'étaient oxygénés pendant leur manipulation, pour les faire parvenir à l'état dans lequel on les a employés;

3.° L'eau employée pour la composition des mouts artificiels y avait porté plus ou moins d'oxygène par les

---

(1) Page 61, édition 1801; p. 100 de l'édition 1819.

opérations qu'elle avait dù subir avant d'être privée du contact de l'air ;

4.° Le contact de l'air, sous l'empire duquel les mouts artificiels ont été faits, avait porté l'oxygène nécessaire au développement des fermentations qui se sont réalisées ;

Tandis que dans l'expérience qui prouve que le mout du raisin ne fermente pas sans le contact de l'air, ou plutôt sans l'oxygène, tout moyen d'oxygénation avait été scrupuleusement enlevé.

Aussi Gay-Lussac finit par convenir « qu'il serait très-» possible qu'il n'y eût qu'un seul ferment, et que ce » fût à un peu d'oxygène seulement qu'il faudrait attri-» buer la différence du ferment de raisin avec la levure » de bière. »

Reste qu'il n'y a pas eu à notre connaissance une seule expérience sur le ferment du raisin, pour s'assurer quelle est sa nature en se le procurant pur ou à peu près.

Dans quelle proportion ce ferment se trouve-t-il ou doit-il se trouver dans le mout? Cette proportion diminue-t-elle au fur et mesure de la maturité du raisin, par le fait seul de la maturité ?

Ou bien tous les raisins ont-ils la même quantité de ferment? La décomposition des parties sucrées d'un mout quelconque n'est-elle plus ou moins complète, qu'en raison de ce que les parties sucrées sont plus ou moins abondantes?

Le ferment ne se trouve-t-il que dans la graine du raisin? Les pepins, les pellicules, la grappe plus ou moins verte, plus ou moins boisée, en contiennent-ils aussi?

Indépendamment de tout ce qu'il y a d'obscur et d'inconnu, relativement au ferment, il existe dans le mout, outre le ferment, plusieurs élémens divers : dans quelle proportion doivent-ils se trouver, quelle est leur nature, quelle est leur influence, quels sont les inconvéniens qui résultent de leur prédominance relative, quelle doit être la densité d'un mout parfait dans toutes les localités ?

On conçoit combien la science a de progrès à faire. Les professeurs de théorie parfaite ne seront pas encore contens ; car nous pourrions multiplier, pour ainsi dire à l'infini, des questions qui peuvent et doivent donner lieu à une foule d'expériences, toutes nécessaires pour parvenir à une parfaite vinification.

Mais revenons au chapitre de M. Gervais ; nous n'y avons trouvé que ce que nous n'y cherchions pas, un long article qui occupe la moitié de ce chapitre, article copié dans Rozier, pour nous indiquer la nature des terrains et les expositions qui conviennent le mieux pour la plantation de la vigne. Ce qui n'empêche pas, tous les ans, de planter de la vigne dans des terrains qui, agricolement parlant, ne lui conviennent pas du tout.

CHAPITRE II.

Du vin, de la nécessité de le mieux faire.

DANS un ouvrage essentiellement didactique par sa nature, on ne s'attendait pas, à l'occasion du vin et de la nécessité bien reconnue de le mieux faire, qu'on nous entretiendrait de Salomon, de Pégase, de lait des vieillards; que l'on nous dirait que le vin, qui a le pouvoir d'inspirer les poëtes, de soutenir la vieillesse, est en même-temps la source d'une infinité de maladies qui accablent l'humanité.

Après avoir fait naître les idées les plus agréables et les plus tristes à l'occasion des vins tels qu'on les fait encore, M. Gervais ne s'occupe plus que de la nécessité de faire adopter le procédé de Mlle sa sœur, procédé dont il développe brièvement tous les avantages.

Nous ne devons pas laisser sans objection l'assertion tout-à-fait erronnée qui tend à prouver que tous les vins sont susceptibles de former une liqueur salutaire (1), que le vice seul de leur fabrication les fait succomber aux altérations qu'ils subissent.

A moins qu'on n'ait jamais fait de vin, à moins qu'on n'ait pas la plus petite notion sur les conditions nécessaires pour obtenir des vins de qualité, il nous paraît absurde d'avancer qu'un procédé matériel, mécanique,

(1) Page 13 de l'opuscule.

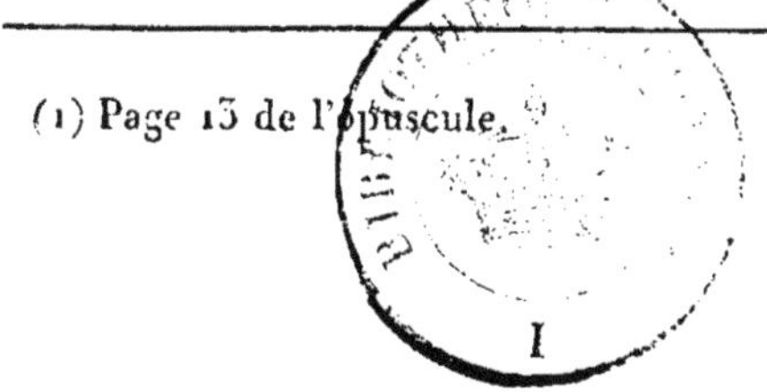

quel qu'il soit, puisse remédier à toutes les aberrations de la nature : comment le procédé de Mlle Gervais aurait-il pu remédier en 1773 à toutes les causes qui contrarièrent une bonne vinification? (1)

Comment un procédé quelconque produirait-il de bons vins dans les départemens où sur dix ans les raisins ne parviennent pas deux fois à un degré de maturité convenable ?

Comment M. Gervais prouvera-t-il que son appareil suffit pour empêcher les vins de succomber à des altérations inévitables, lorsqu'ils ont été fabriqués avec des raisins rouges qui se sont pourris avant de mûrir ?

Nous trouvons encore dans ce chapitre une assertion qu'il est indispensable de relever, parce qu'elle pourrait induire à erreur beaucoup d'agriculteurs auxquels la théorie de la fermentation n'est pas familière.

Les faux principes, les assertions erronnées, lorsqu'il s'agit d'une science positive, établissent des préjugés qui s'enracinent et tendent toujours à reculer les progrès de la science.

Nous voulons parler des inconvéniens ou des avantages, de la possibilité ou de l'impossibilité de conserver dans le vin le gaz acide carbonique, conservation dont M. Gervais ne cesse d'occuper ses lecteurs.

Voici ce qu'il en dit.

Page 14. « En conservant encore au vin le gaz, l'es-
» prit et le parfum qu'ils perdent par la méthode ordi-

---

(1) Lisez Rozier et M. Chaptal, page 42, édition 1801; page 64, édition 1819.

» naire, il devient infiniment plus précieux : page 40, » note 1. L'avantage de conserver le gaz acide carbo- » nique était le remède le plus salutaire, le plus naturel » que le procédé pouvait apporter au vin, page 56 : à » mesure que les vapeurs carbonique et spiritueuse » s'élèvent de toutes parts dans la cuve, la condensation » de tout ce qui est aqueux, spiritueux et balsamique, » s'opère et retombe dans la cuve, saturé de tout l'acide » carbonique que la partie aqueuse entraîne, page 73 : » le vin saturé de tout le gaz acide carbonique qu'il » peut prendre, en est pénétré dans toutes ses parties, » page 56 : par l'effet de la précieuse fonction du cha- » piteau, les principes en esprit, en gaz, en parfum, » qui s'évaporent dans les méthodes ordinaires, se » trouvent conservés pour augmenter et enrichir la » quantité du vin, en même temps que la partie du » gaz acide carbonique qui ne peut se condenser, sort » comme un vent indomptable, page 38 : la couverture » du procédé a pour usage de retenir le gaz acide car- » bonique avec l'esprit et le parfum qu'il entraîne. »

Des efforts aussi multipliés, une si fréquente insistance, pour avancer et essayer de justifier que l'appareil vinificateur possède un avantage qui nous paraît ou physiquement impossible, ou tout-à-fait contraire à une bonne vinification, nous ont déterminés à nous rendre compte des motifs qui peuvent avoir excité M. Gervais à tomber dans une erreur palpable.

Nous avons reconnu malheureusement que M. Chaptal avait fourvoyé M. Gervais, en lui suggérant l'idée de chercher à prouver que son appareil conserve dans le vin une partie du gaz acide carbonique.

En effet, M. Chaptal, dans son ouvrage sur l'art de faire le vin, dit (1) : « Le gaz acide carbonique re-» tenu dans le vin par tous les moyens que l'on peut » opposer à son évaporation, contribue à lui conserver » l'arome et une portion d'alcool qui s'exhalent avec » lui. »

(2) « Un des effets inséparables de la fermentation, » c'est de produire de la chaleur et du gaz acide car-» bonique : le second résultat entraîne au-dehors et fait » perdre dans les airs un fluide qui, retenu dans la » boisson, peut la rendre plus agréable et plus piquante. »

(3) « Moins la fermentation est tumultueuse, moins » il y a de facilité pour la volatilisation du gaz acide » carbonique, ce qui contribue à retenir cette substance » très-volatile, et à en faire un des principes de la » boisson. »

On conçoit difficilement comment un chimiste a pu émettre une opinion si opposée aux vrais principes de l'art qu'il a voulu enseigner.

Nous soutenons que, pour conserver le gaz acide carbonique dans le vin pendant sa fermentation, il n'existe que deux moyens :

Le premier, par la pression;

Le second, comme l'a donné à entendre M. Chaptal, en empêchant la température de s'élever dans la cuve; car une température basse met obstacle à ce que la fermentation soit tumultueuse.

---

(1) Page 76, édition 1801; page 134, édition 1819.

(2) Page 119, édition 1801; page 195, édition 1819.

Par la pression, il y a lieu de craindre la rupture de la cuve : admettons que sans laisser la plus petite issue au dégagement du gaz acide carbonique, la cuve résiste à sa force dilatante, empêche d'une manière absolue toute espèce de dégagement quelconque de tous les gaz développés par la fermentation ; dès-lors le gaz acide carbonique se logera entre les molécules intégrantes du liquide, la liqueur le contiendra par suite de la force de cohésion et de l'élasticité du gaz acide carbonique. Mais le gaz acide carbonique restera emprisonné dans le vin comme un corps étranger; il n'aura pas perdu son élasticité constitutive; il ne sera pas devenu plus soluble dans le vin; on n'aura fait enfin qu'une opération physique en cognant, pour ainsi dire, le gaz acide carbonique dans le vin, qui ne recevra de la présence accidentelle et forcée du gaz aucune modification, aucun caractère utile et avantageux.

L'émission du gaz acide carbonique (la fermentation continuant) se réalisera tout autant qu'il lui sera physiquement possible de trouver place dans la cuve; mais la fermentation cessera, la décomposition de la partie sucrée, sa reformation en alcool, seront totalement suspendues lorsque le gaz acide carbonique aura entièrement rempli tout le vide qu'il aura pu trouver par suite de son élasticité; en deux mots, quand le plein sera fait.

Aussi, dès qu'on donnera jour pour écouler le vin, soit que la fermentation n'ait pas achevé la décomposition de la partie sucrée, soit que la fermentation ait décomposé tous les élémens saccarins du mout, et terminé la vinification, le gaz acide carbonique se débandera, se dégagera rapidement, et cessera à l'instant de se combiner avec le vin; parce qu'il tend sans cesse à s'en séparer, parce qu'il n'existe entre le vin fait et le gaz acide carbonique libre aucune combinaison chimique durable.

Nous savons que le vin de Champagne acquiert la qualité d'être mousseux en conservant une portion du gaz acide carbonique, soit en paralysant la fermentation première, soit en y ajoutant une certaine quantité de parties de sucre non décomposé, qui développent du gaz acide carbonique dans la bouteille. Mais lorsque la dilatation du gaz est trop forte, que l'équilibre est rompu, la bouteille casse. On ne soutiendra pas que les vins mousseux se conservent mieux, soient préférables aux vins entièrement fermentés. Il faut ajouter que le gaz acide carbonique ne se conserve dans le vin mousseux que par la pression du bouchon ficelé; il faut dire aussi que le gaz se dégage très-rapidement quand la force de compression a cessé, qu'on le voit alors se précipiter du bas en haut comme dans la cuve, jusques à ce qu'il n'en reste plus dans la liqueur.

Il est reconnu que les vins mousseux, par le fait qu'on y maintient du gaz acide carbonique, sont généralement les moins spiritueux que nous connaissions.

Julien, dans sa Topographie des vins, page 29, le dit d'une manière aussi juste que laconique : « La qualité » mousseuse des vins de Champagne est en raison inverse » du degré de spiritueux dont ils sont pourvus. » (1)

Il nous reste à examiner le second moyen de conserver le gaz acide carbonique. En abaissant la tempé-

---

(1) Voyez Fabroni, page 125; et les expériences de Priestley.

rature dans la cuve, ou en l'empêchant de s'y élever, on arrêtera la fermentation, il n'y aura plus décomposition du principe sucré, par conséquent il n'y aura plus formation d'alcool, il n'y aura plus vinification; dès-lors on maintiendra dans le liquide un germe de travail continuel, par conséquent un principe permanent de décomposition : on aura un mauvais vin.

Ainsi il est impossible de maintenir dans le vin une certaine quantité de gaz acide carbonique, sans des moyens artificiels : ainsi la conservation du gaz acide carbonique est un obstacle à sa qualité, à sa durée, à sa bonification, à sa spirituosité: elle expose à de grandes pertes par la rupture des vaisseaux qui le contiennent : il en résulterait donc de très-grands inconvéniens, au lieu d'y trouver de grands avantages.

M. Gervais a été plus loin que M. Chaptal; il prétend que, par le fait du chapiteau, le gaz acide carbonique se condense en partie. Nous désirerions infiniment qu'il fût possible à cet auteur de prouver physiquement ce phénomène tout-à-fait inconnu.

Nous finissons ce chapitre comme M. Gervais l'a commencé, en reconnaissant la nécessité de mieux faire les vins que par les méthodes généralement usitées.

CHAPITRE III.

De la défectuosité des méthodes usitées.

Nous espérions que l'auteur nous aurait décrit les diverses méthodes connues et usitées en France pour faire le vin, qu'il se serait livré à l'examen et à la démonstration des vices et des inconvéniens de ces méthodes.

Chaque cultivateur aurait pu apprécier les fautes et les erreurs dans lesquelles la routine, le défaut de connaissances théoriques, le font habituellement tomber.

M. Gervais a préféré nous parler de toute autre chose, et nous entretient, dans son troisième chapitre, du prix proposé par la Société royale des sciences à Montpellier, en 1779, sur le décuvage des vins, et finit par un éloge du Mémoire de Don Legentil, éloge copié dans Rozier.

Du reste, il ne cite pas une seule méthode usitée; par conséquent, il ne fait ressortir la défectuosité d'aucune.

On conviendra que cette manière de traiter une partie très-essentielle, et peut-être une des plus difficiles de la science œnologique, n'est ni instructive ni bien difficile.

Nous avouons qu'il faudrait connaître la manière de faire le vin d'une foule de localités. Avant de critiquer une méthode usitée, il faut une grande expérience, un esprit d'observation bien sûr; car ce qui paraît plus ou moins contraire à la théorie de la fermentation a pour but le plus souvent un résultat ou une qualité que cherche le cultivateur, résultat dont il est nécessaire d'être bien pénétré.

Le vin est devenu, depuis un siècle surtout, l'objet d'un commerce immense.

Les uns veulent avoir des vins secs, les autres des vins de liqueurs, ou plutôt des vins liquoreux ; d'autres enfin recherchent ou veulent fabriquer des vins mixtes, c'est-à-dire, qui ne sont ni secs ni liquoreux.

Dans ces trois grandes catégories, il existe des espèces qui se subdivisent à l'infini.

Dans ces espèces, on trouve une foule de nuances, de caractères différens.

Soit dans l'étranger, soit dans l'intérieur, chacun cherche dans le vin pour sa consommation ordinaire ou pour le luxe de sa table, suivant le prix qu'il veut ou peut y mettre, la qualité qui convient le mieux à ses goûts, à ses habitudes, à ses besoins : un certain nombre ne recherche que la spirituosité, parce que le vin doit être soumis à la distillation.

Ainsi, les uns veulent une forte couleur pour supporter une forte quantité d'eau; d'autres un vin sec, généreux; les autres ne recherchent que des vins légers, délicats, avec une sève et un bouquet agréables; d'autres enfin ne désirent qu'une grande spirituosité pour obtenir plus d'alcool.

D'où il s'ensuit que la méthode de faire bouillir la vendange dans le Quercy pour avoir des vins de trois, cinq, six couleurs, qui les font spécialement apprécier pour colorer plusieurs barriques de vin blanc, ou plusieurs barriques de vins rouges qui ne sont pas assez couverts avec une seule barrique de vin de Cahors;

cette méthode n'est pas plus mauvaise que celle des Champenois, qui avec des raisins rouges, cueillis et pressés avec certaines précautions, sans être mis dans la cuve, font depuis très-long-temps des vins très-blancs.

Ces méthodes, et tant d'autres qui sont pratiquées dans une infinité de fins et de buts divers, déterminent la nécessité de parvenir à ces résultats; par conséquent ces méthodes, spéciales en quelque sorte, ne peuvent pas toujours être critiquées d'une manière absolue.

On concevra facilement que le vin destiné au gosier du paysan bas-breton, qui le consomme en nouveau, doit et peut être fait différemment, et surtout avec moins de soins, de sacrifices, que l'on doit en porter aux vins fins, séveux et aromatiques du Médoc, d'Hermitage, de Bourgogne : ceux-ci, que le luxe et les jouissances de la table et le palais exercé du riche exigent avec un bouquet qui les distingue, doivent être beaucoup plus soignés.

Cependant, malgré la conformité des emplois et le rapport des prix dans les années de qualité, de ces grands vins, il existe des manipulations ou des méthodes bien différentes.

Par exemple, l'usage sans doute détermine les propriétaires de l'Hermitage à mêler le vin qui provient du pressurage du marc de la vendange, avec le premier vin qui coule de la cuve : ils soutiennent que le vin que nous appelons fond de cuve et celui provenant de la pressée, nécessairement durs et âpres, sont indispensables pour faire le complément des qualités que le commerce et le consommateur recherchent dans leurs vins; tandis que dans le Médoc, si nous faisions un pareil mélange, nous détruirions en grande partie toutes les qualités qui distinguent nos vins, par conséquent nous n'obtiendrions pas les prix qu'ils comportent.

Nous ne restons pas moins convaincus que si les vins d'Hermitage n'étaient pas faits avec les basses matières provenant du marc et de l'égouttage des cuves, que ces vins seraient supérieurs à ce qu'ils sont en suivant la méthode ordinaire; peut-être auraient-ils une nuance de couleur de moins : le propriétaire aurait une diminution sur la quantité des vins livrables au commerce, mais son vin aurait une finesse, une délicatesse et un arome plus prononcés.

Nous faisons d'excellens vins, dit-on : oui sans doute, ce n'est pas la question, elle n'est pas douteuse, mais il s'agit de savoir si on ne peut pas les faire meilleurs, et nous en sommes convaincus.

La manière de faire les vins varie à l'infini : ce genre de culture est en quelque sorte manufacturiel, il convient donc d'approprier les produits de cette branche industrielle de notre agriculture, aux besoins, aux emplois, aux goûts des consommateurs.

Les uns vendangent trop tôt parce que le ban de la vendange l'exige, ou bien parce qu'ils seraient volés, ou que leur raisin serait pourri avant la maturité.

La maturité arrive rarement à la fois dans des terrains d'une exposition et de cépages divers.

D'autres vendangent trop tard, soit parce que le ban les contrarie et s'oppose à la cueillette de fonds ou d'espèces de plants aventifs, soit encore parce qu'ils cherchent à avoir toute la maturité, toute la douceur possible dans leur raisin; soit enfin, les uns et les autres, parce qu'ils ne savent pas juger de l'état de maturité convenable à l'époque de l'examen et de la dégustation de la graine de raisin.

Les uns ramassent toute la vendange à la fois, tant ce qui existe sur les hauteurs que dans les bas-fonds: d'autres vendangent à plusieurs fois, et même dans les mêmes pièces de vignes.

Les uns égrappent entièrement, d'autres n'égrappent pas du tout, ou bien n'égrappent qu'en partie et en proportion de la maturité de la vendange, et de la verdeur plus ou moins prononcée de la queue du raisin.

Les uns foulent la vendange plusieurs fois, en la laissant successivement égoutter, et poussent le foulage jusques au point qu'il ne reste pas de liquide dans le marc; d'autres ne foulent pas du tout, ailleurs on ne foule qu'en partie.

Les uns mettent dans les cuves les raisins verts, rosés, pourris, grillés, échaudés, tels qu'ils arrivent de la vigne; les autres font un triage exact, minutieux, de tous les raisins mal conditionnés.

Les uns tiennent à remplir la cuve dans la journée, d'autres ne la remplissent que dans plusieurs jours.

Les uns couvrent les cuves, les autres et en général ne les couvrent pas.

Les uns décuvent avant le temps, sans règle; d'autres, et c'est le plus grand nombre, décuvent plus ou moins long-temps après la vinification et la fermentation tumultueuse achevée.

Les uns sortent, à l'époque du décuvage, toute la partie desséchée, acétifiée et putride du chapeau; les autres ne prennent aucun soin à cet égard.

Les uns font refouler le chapeau dans la vendange dans le liquide, et plusieurs fois; les autres et en général laissent le chapeau sans le déranger.

Les uns, avant de décuver, tirent une partie du vin pour arroser le marc, ce qui fait filtrer dans le vin les élémens acétifiés du chapeau.

En général, on est dans l'usage de presser, tailler et retailler le marc sorti de la cuve, pour en extraire, pour ainsi dire, la dernière goutte.

Il y a même des agriculteurs qui poussent le luxe des machines à presser, au point qu'il arrive que les débours de construction exigent un capital dont le plus souvent on ne retrouve pas l'intérêt dans la valeur du vin qu'on obtient avec les appareils.

Dans le Médoc nous pressons avec des vis en fer, dont tout l'appareil portatif, durable, coûte au plus 400 f.; il y a des propriétaires qui ne pressent jamais, ils se contentent de laisser égoutter les cuves.

Le vin sortant de la presse se met généralement avec celui provenant de la cuve; les agriculteurs ont tort. En goûtant le vin provenant du marc, il est aisé de juger combien il est inférieur, dur et âpre, par conséquent combien il doit altérer et dénaturer le reste. D'ailleurs, il est généralement très-bourru, chargé de parties insolubles, ce qui augmente les lies et porte des causes de fermentation dans des vins qui perdent toujours au lieu de gagner à ce mélange. (1)

On nous objectera que ce vin de marc est très-coloré,

---

(1) Le vin de marc est moins âpre quand la vendange est toute égrappée.

lorsqu'il sort du pressoir ; mais si on garde ce vin à part, on verra en définitif que cette couleur ne se conserve pas entière : elle reste en suspension pendant quelque temps dans le liquide, mais elle finit par se précipiter en grande partie : d'où il résulte que le vin de marc n'a donné que de la dureté, de l'âpreté au vin, sans lui avoir procuré un avantage durable.

Nous n'entrerons pas dans l'examen de toutes ces méthodes et de bien d'autres ; elles nous feraient dépasser les bornes que nous nous sommes prescrites.

Bien qu'en général l'art de faire le vin soit plus perfectionné en France qu'en Italie et en Espagne, on ne peut guère se faire d'idée combien il y a de méthodes vicieuses ; nous en citerons un exemple.

Dans quelques cantons de la Dordogne on ramasse toute la vendange, que l'on jette au fur et mesure dans des futailles vides, ce qui dure plusieurs jours : cette vendange reste dehors, exposée au soleil, à la pluie, au froid. Quand tous les raisins sont coupés, on les jette tels quels dans la cuve. Là de règle fixe on les laisse trois semaines, après lesquelles on écoule : on met provisoirement le vin dans des futailles, dans des vases quelconques. Dès que le vin ne coule plus de la cuve, on y descend, on foule le chapeau qui est au fond : après le foulage complet, on remet le vin pardessus dans la cuve, et on le laisse encore trois semaines : après quoi on le met dans les futailles d'expédition ou dans celles de provision, c'est-à-dire, héréditaires.

M. Chaptal (1) dit : « C'est en partant de tous ces prin-

(1) Page 122, édition de 1801 ; p. 200, dernière édition.

» cipes qu'on pourra concevoir pourquoi dans un pays » la fermentation dans la cuve se termine en 24 heures. »

Nous sommes bien convaincus que c'est une erreur, c'est-à-dire, que l'on *termine* la fermentation tumultueuse dans la cuve en décuvant; mais elle n'est pas *terminée* : il nous paraît impossible que dans 24 heures la vinification soit complète; car, si la fermentation n'a pas lieu dans la cuve, elle s'achève dans les futailles, à la manière des vins blancs. Aussi en Bourgogne, dans certaines cuveries, il existe des conduits en pierre qui portent dans un bassin commun tout le liquide qui découle de la futaille pendant le travail tumultueux qui s'y rétablit et s'y termine.

Il résulte inévitablement de ces fermentations précipitées, qu'il faut vigoureusement presser la vendange pour obtenir la robe du vin; et déjà nous nous sommes expliqués sur les inconvéniens du vin provenant des pressées.

Nous reviendrons un jour sur les procédés vinificateurs de la Bourgogne, que nous croyons vicieux à certains égards : nous ne les connaissons pas assez pour les discuter à fond.

Non-seulement chaque pays a ses usages, sa routine pour faire le vin, mais chaque particulier a la prétention de mieux faire que personne : aussi fait-il une sorte de mystère de ses procédés vinificateurs, alors même qu'il ne connaît ni les élémens, ni les conditions, ni les divers phénomènes de la fermentation vineuse.

Non-seulement encore l'art de faire le vin ne peut avoir de principes absolus lorsqu'il s'agit d'une qualité particulière, spéciale et demandée pour certains emplois, pour certains débouchés auxquels il faut approprier les vins; mais il serait dangereux de soutenir que tel vin doit toujours être fait de la même manière, parce que, suivant le proverbe des agriculteurs, les années se suivent et ne se ressemblent pas: ce qui prouve qu'il ne faut pas opérer tous les ans, en tout et pour tout, de la même manière.

Les méthodes ne peuvent donc être perfectionnées que d'une manière relative. Nous croyons que sans exception elles sont susceptibles de procédés vinificateurs mieux entendus, plus parfaits, mieux déduits de la théorie, enfin plus appropriés au but que se propose le cultivateur.

Le problème d'une vinification aussi parfaite que possible est donc très-compliqué, en ne se servant même que des élémens que la nature nous donne si diversement.

Nous n'entendons parler que des vins rouges: pour bien résoudre ce problème excessivement difficile, il faut avoir égard à une foule de circonstances et d'objets divers. Jamais on n'y parviendra avec de la théorie, si elle n'est pas réunie à une très-grande pratique: il faut aussi que l'époque du décuvage ne soit plus un problême. C'est en posant toutes les bases, sans en oublier aucune, en prévoyant tous les différens buts, c'est en mettant en ligne de compte les diverses aberrations des saisons, des températures, etc. qu'on pourra y parvenir.

Peut-être la solution n'est pas impossible pour les vins qui n'ont pas un emploi spécial : cette solution aura besoin d'être soutenue de grands développemens, car il faut dire tout ce qu'il faut faire, comme tout ce qu'il ne faut pas faire; et c'est peut-être ce dernier sujet de prévoyance qui offre le plus de difficultés : c'est surtout quand on étudie à fond l'art de faire le vin, que l'on trouve l'excessive insuffisance des auteurs qui n'ont que de la théorie; on voit toujours qu'ils cherchent plutôt à sortir des questions que d'y entrer.

Les avantages qui résulteraient pour notre belle France de la solution de ce problême sont un assez noble encouragement, pour espérer qu'on s'occupera de rendre, s'il est possible, ce bienfait immense à l'agriculture.

Gardons plutôt les fruits précoces et qui ne sont pas mûris par une expérience à toute épreuve, car il vaut mieux laisser les méthodes ordinaires, que d'en suggérer que la pratique ne confirmerait pas.

CHAPITRE IV.

De la fermentation spiritueuse, selon la méthode ordinaire.

Le texte de ce chapitre est conçu de manière à laisser croire que la fermentation spiritueuse, en se servant de l'appareil vinificateur, est différente de la fermentation spiritueuse, en suivant la méthode ordinaire.

L'intention de l'auteur est évidente en lisant les chapitres 4 et 5 de la seconde partie de l'opuscule.

Le procédé de M.lle Gervais a-t-il donc changé ou ajouté quelques principes, quelques phénomènes nouveaux à la fermentation? Nous avons vu que M. Gervais l'a prétendu ; mais nous croyons avoir justifié que cette prétention était établie sur des principes faux, sur des faits erronnés.

M. Gervais aurait dû expliquer la fermentation selon la méthode ordinaire, pour faire ressortir les avantages de la fermentation selon le procédé, très-inutilement compliqué, dont il est le défenseur. Comme dans les chapitres précédens il n'a pas rempli sa promesse, il s'est contenté dans celui-ci d'entretenir en *abrégé* ses lecteurs de quelques-unes des conditions nécessaires pour la fermentation, sans essayer de traiter la question principale.

Nous essayerons de suppléer très-imparfaitement à une omission aussi importante (1).

La première condition de la fermentation vineuse est la présence d'une matière sucrée que la graine de raisin contient plus ou moins, suivant le degré de maturité à laquelle elle est parvenue à raison du climat, du terrain, des expositions, de la culture, et des espèces de plant de vigne.

La seconde condition est la fluidité : il faut que la matière saccarine soit dissoute ou répandue dans une proportion d'eau déterminée : trop de liquidité aqueuse, trop de viscosité, nuisent à la fermentation, par conséquent à la production de l'alcool.

La troisième condition exige une température élevée au moins du dixième au douzième degré du thermomètre de Réaumur ; au-dessous, et proportionnellement

(1) Nous avons emprunté à Fourcroy, tome 8, page 123, une assez grande partie de ce que nous disons des conditions de la fermentation.

au-dessous, il est indispensable d'élever la température artificiellement; beaucoup au-dessus, il convient de l'abaisser par les moyens possibles. L'abaissement de la température dans le cellier ralentit la fermentation; une température très-élevée la précipite, l'active trop promptement.

Dans les pays à très-haute température, comme l'Espagne, l'Italie, le mout est très-sucré : cette abondance de partie sucrée ralentit par force la fermentation.

Dans les pays du nord à température très-basse, où les vendanges se font très-tard, comme celles des vins blancs d'Anjou et de la Touraine, le travail de la fermentation ne se termine souvent dans les futailles qu'au bout de six mois, à raison du froid.

La quatrième condition est le contact de l'air atmosphérique ou plutôt l'oxygène, pour imprimer le premier mouvement à la fermentation. Le mout, dans les diverses manipulations des vendanges, reçoit naturellement une oxygénation suffisante; pour peu que la graine des raisins soit écrasée, la fermentation s'établit alors spontanément avec le concours des autres conditions.

La cinquième condition est un levain ou un ferment, que la graine de raisin contient ordinairement trop abondamment dans le nord de la France, ou qui prédomine trop à raison de l'absence de parties sucrées, suffisantes ou relatives.

Le suc du raisin nouvellement exprimé est opaque, plus ou moins coloré, suivant qu'il a été foulé;

D'une consistance visqueuse, plus ou moins forte selon le degré de maturité;

D'une pesanteur spécifique au-dessus de celle du vin;

c'est cette différence qui fait la base de l'instrument de M. Chevalier, pour déterminer l'époque du décuvage;

D'un goût vert, acide, fade, doux et sucré en proportion de la maturité;

D'une odeur végétale ou de fruit, très-peu pénétrante;

Donnant une mousse persistante à l'agitation.

Soumis à la distillation, il ne s'en évapore que de l'eau; abandonné à lui-même, il présente divers phénomènes avec d'autant plus de rapidité que les masses sont considérables, et que la réunion des conditions que nous avons expliquées est plus ou moins favorable et simultanée.

Il devient trouble;

Se couvre d'écume;

Le volume augmente.

Le départ de la séparation du liquide d'avec les parties solides s'opère. Ces dernières s'élèvent à la superficie, poussées et soutenues par l'émission et la dilatation du gaz acide carbonique, et viennent former ce qu'on appelle le chapeau.

L'émission du gaz acide carbonique augmente à mesure et en proportion de la décomposition de la partie sucrée; ce gaz se dégage sous la forme de bulles qui viennent crever à la surface, et s'évapore très-abondamment.

On entend le bruit d'une ébullition.

Dans l'intérieur de la masse, la température s'élève d'abord également dans toutes les parties, c'est-à-dire, dans le liquide et les parties solides; successivement le degré de chaleur devient plus élevé, et souvent beaucoup plus élevé dans le chapeau que dans la masse du liquide.

Assez souvent la chaleur de la température s'abaisse dans le liquide pour un temps plus ou moins long, et se rétablit plus ou moins fortement.

On distingue deux mouvemens qui se succèdent l'un après l'autre : l'un de bas en haut, l'autre de haut en bas.

Une odeur continue, croissante, se dégage, remplit lo cuvier : l'évaporation du liquide, sous la forme gazeuse, est infiniment petite ; cette évaporation n'est pas essentiellement alcoolique.

La coloration se développe au fur et mesure que la partie sucrée a été décomposée, et en proportion de la quantité d'alcool recomposé, qui s'empare de la couleur plus ou moins riche de la pellicule.

Il faut distinguer cette couleur naturelle de celle qu'on obtient par force en employant le moyen de presser le marc.

On distingue enfin deux fermentations, on pourrait dire trois, qui deviennent entièrement distinctes quand l'action de l'air atmosphérique sur la superficie extérieure du chapeau n'est nullement contrariée : l'une vineuse ou alcoolique dans le liquide ; l'autre, acéteuse d'abord superficiellement dans les parties solides, passant à la fermentation putride : ces deux dernières fermentations s'emparent de la superficie de la masse des solides composant le chapeau ; leur intensité et leur pénétration sont relatives à la durée du cuvage et à l'élévation de la température extérieure de l'air atmosphérique.

Tous ces phénomènes sont déterminés, accrus et continués par la réunion totale, ou partielle, ou inégale des conditions de la fermentation, qui dure plus ou moins long-temps pendant plusieurs jours, quelquefois trois semaines, même deux mois, comme on l'a écrit, et diminue toujours plus lentement qu'elle n'a commencé.

Lorsque la fermentation est terminée ou à peu près terminée, si on examine le liquide qui en est le résultat, on observe les caractères suivans :

Le volume et le poids sont au-dessous de celui du mout employé, l'opacité a disparu.

La liqueur a acquis une transparence qui la rend plus ou moins pénétrable à l'œil.

La couleur s'est foncée et devenue intense, d'un rouge plus ou moins prononcé, offrant, suivant les localités et les climats, une foule de nuances depuis le rouge faible jusqu'au rouge noir, avec la combinaison des couleurs intermédiaires du violet et du bleu.

La couleur est nulle si le raisin était blanc.

La densité est très-peu au-dessus d'un vin déjà fait.

Un goût vineux, agréable, et de fruit, ou un goût de terroir, plus ou moins désagréable suivant les terrains, mais plein, généreux, sans vice, si le mout était doux et sucré. Le liquide offre également un goût vert, acide, astringent, si le mout était vert et acide; un goût plat et fade, si le mout était fade; enfin, un goût dur, austère, âpre, si le cuvage a été trop prolongé.

Une odeur vineuse n'ayant plus de rapport avec celle du fruit, une odeur plus ou moins agréablement aromatique, suivant les terrains.

Donnant une mousse devenue pétillante par l'agitation;

Donnant enfin de l'alcool à la distillation.

Expliquons, autant qu'il nous sera possible, tous ces divers phénomènes.

Il devient trouble. — L'opacité du liquide s'accroît en

proportion que la matière blanche (1) devient insoluble par l'action de l'oxygène de l'air qui s'y combine pour constituer le ferment, sans lequel il ne pourrait y avoir de fermentation vineuse.

Se couvre d'écume. — L'écume se compose de petites parties de ferment, que les globules de gaz élèvent à la surface, et de tous les corps hétérogènes solides qui nagent dans le mout qui leur sert de point d'insertion.

Le volume augmente. — Parce que la température s'élève, dilate le liquide, et que les bulles de gaz acide carbonique occupent un plus grand volume à l'état de gaz que dans l'état concret, quand elles étaient parties constituantes de la partie sucrée.

Emission, dégagement du gaz acide carbonique. — La déperdition de ce gaz est due à la décomposition de la partie sucrée, par le ferment qui change le sucre en alcool et en acide carbonique, en lui enlevant une très-petite portion d'oxygène.

Le ferment cède aussi l'azote qui est une de ses parties constituantes; et malgré la rigueur des expériences, on n'a pas encore expliqué sa disparution, tandis qu'on retrouve parfaitement tous les principes du sucre dans l'alcool et le gaz acide carbonique. Le ferment, en décomposant le sucre, perd son azote et se précipite au fond de la liqueur. Dans cet état, il n'est plus oxygéné : ayant perdu l'azote, il n'est plus propre à la fermentation.

---

(1) C'est une substance azotée, qui se trouve en solution dans le suc du raisin, et se transforme en ferment par sa combinaison avec l'oxygène.

Une chaleur de 80 degrés produit le même effet; le mout bouilli, et poussé à ce degré de chaleur, ne peut plus fermenter par le changement qu'a éprouvé le ferment.

La température s'élève : deux degrés de chaleur. — Toutes les fois que des corps agissent chimiquement les uns sur les autres, il y a changement de température; augmentation, quand les nouveaux êtres qui en proviennent n'ont pas autant de capacité pour le calorique spécifique; et diminution, dans les cas contraires. Telle est aussi la cause d'un plus grand développement, d'une plus forte intensité de calorique dans les parties solides du chapeau : nous l'avons souvent constaté, à tel point, que le thermomètre marquait de 14 à 18 degrés dans le liquide, tandis que la température du chapeau indiquait une chaleur de 25 à 30 degrés.

Dans l'expérience relatée page 431, 4.e volume, édition 1793, du Dictionnaire de Rozier, on voit que, dans les premiers jours, la température est égale dans toute la masse; que dans les derniers jours de cuvage, le chapeau indiquait une chaleur de 24 degrés, tandis que le liquide n'indiquait que 19 et 18 degrés.

Dans les expériences de M. Leorier, page 69 de la livraison de Juillet 1821, du Cours d'agriculture de M. de Labergerie, on voit que, dès qu'on a foulé la cuve et fait plonger le chapeau dans le vin, la température s'est élevée rapidement de 6 degrés à 17 degrés : page 70, de 9 à 14 degrés, à la seconde expérience; la chaleur artificielle interposée en même temps ne pouvait produire une variation aussi forte.

Dans les expériences de Legentil, la première a été

faite avec le même mout que la seconde : la première, sans partie solide, sans marc, n'a développé que treize degrés de chaleur; la seconde, où il y avait excès de marc, s'est élevée à 21 degrés de chaleur.

La cinquième expérience est remarquable par l'élévation subite de la température dans la liqueur, lorsqu'on y a poussé et fait immerger le chapeau.

Abaissement dans la température. — Ce phénomène ne paraît pas avoir été observé par les auteurs; cependant les agriculteurs qui suivent avec attention la marche de la fermentation, ont remarqué que fréquemment, avant que le vin soit fait, le liquide fermentant devient plus ou moins froid, et parvient même au-dessous de la température de l'air extérieur, sans qu'il soit possible d'attribuer ce changement à des causes ou des circonstances appréciables. Nous avons toujours échoué dans l'intention d'expliquer cette anomalie de chaleur; elle ne paraît pas nuire en définitive à la qualité du vin, mais elle retarde plus ou moins l'époque du décuvage. Si cet abaissement de température se soutient, la vinification languit; dès que la chaleur se rétablit, sans moyens artificiels, quoiqu'avec moins d'intensité qu'avant son abaissement, la vinification marche d'une manière plus rapide.

Dans les cantons du nord ou plus froids que ce pays-ci, il paraît qu'on emploie des vases remplis d'eau chaude pour relever la température : ce moyen nous paraît très-bien vu; il est infiniment préférable à l'immersion du chapeau, que nous considérons comme très-mauvaise.

Deux mouvemens. — Le premier mouvement est occasioné par l'ascension des globules de gaz qui naissent et se développent sur les angles que présente le fond de la cuve ou du vase dans lequel la fermentation a lieu. Ces globules entraînent dans la partie supérieure de la cuve les pellicules, le ferment, et les parties solides auxquelles ces globules s'attachent (1).

La chute de ces parties solides de la surface au fond du liquide établit le second mouvement ou précipitation du haut en bas, qui se trouve déterminé par la pesanteur spécifique de ces parties solides, laquelle n'est plus vaincue par les bulles de gaz qui les avaient enlevées et portées à la surface, à la manière d'un aérostat.

Ces deux mouvemens sont perpendiculaires.

Une odeur pénétrante se dégage. — Nous avons expliqué, page 38 et suivantes, notre théorie sur les causes des émanations odorantes pendant la fermentation.

L'évaporation est infiniment petite. — Nous croyons avoir aussi démontré à quels termes et à quelles causes il faut réduire et attribuer les pertes que supporte le vin pendant la fermentation.

---

(1) Cette propriété qu'ont les angles de favoriser l'émission et le dégagement des fluides aériformes, est admirable dans l'objet qui nous occupe ; car le même liquide sucré, ou le même mout placé dans un vase de bois ou de verre, rempli au fond d'aspérité, ou troublé par des corps insolubles totalement étrangers, qui ne sont pour rien dans l'acte de la fermentation, comme serait par exemple du gravier siliceux très-propre ; ce liquide ou ce mout, disons-nous, fermente bien plus rapidement que s'il était placé dans un vase parfaitement uni.

Nous désirons que cette propriété qui n'a pas été assez étudiée, fournisse à la science quelques progrès utiles.

La coloration se développe. —La couleur est dissoute par l'alcool formé : la robe des vins, en France, est excessivement inégale. Plus le vin est acide, moins il a de coloration. La couleur des vins acides tend rapidement à s'affaiblir. La couleur du vin est en raison inverse de la présence de l'acide, lequel dans la coloration du vin transforme le bleu végétal en rouge, comme dans toutes les circonstances chimiques. Les bons vins du Médoc offrent le phénomène d'une couleur qui devient plus intense pendant plusieurs années, et cela en proportion que le vin se dégage du tartre par sa précipitation dans les lies, ou par sa cristallisation contre les parois intérieurs de la futaille : d'autres vins, comme ceux du midi, perdent plus ou moins rapidement leur couleur, à mesure que le tartre se précipite. Nous ne trouvons qu'une explication à ce défaut des vins du midi : nous pensons qu'il faut l'attribuer ou à l'alcool que les propriétaires ajoutent à leurs vins, ou à la forte spirituosité de ces vins.

On distingue plusieurs fermentations. — Il est évident pour qui a voulu l'observer, que le chapeau de la vendange, frappé par l'air atmosphérique dans les cuves découvertes, est bientôt soumis à la fermentation acide.

Cette fermentation acide dégénère en fermentation putride, par l'excès de calorique qui se développe dans les parties solides, et par l'absorption du gaz oxygène avec lequel le chapeau est en libre contact.

La partie la plus élevée du chapeau, après avoir passé par ces deux fermentations, finit par se dessécher, suivant la durée de la cuvaison, l'élévation de la température extérieure, l'action des courans d'air.

La couche inférieure, ou le dessous de la superficie du chapeau, est successivement livrée à ces deux fermentations qui développent alors un degré de calorique beaucoup plus élevé que celui qu'on trouve dans le liquide soumis à la fermentation vineuse.

Il résulte de là, que dans une cuve, après plusieurs jours de fermentation, on trouve plusieurs degrés de chaleur dans les différentes régions de la cuve.

La fermentation putride du chapeau ne fait pas de progrès rapides, parce qu'elle est précédée d'une fermentation acide qui comporte une forte absorption d'oxygène; et les corps fortement oxygénés n'éprouvent la fermentation putride que très-difficilement.

Les trois fermentations, vineuse, acide et putride, marchent donc en définitif simultanément; elles sont accompagnées de phénomènes, de caractères et de résultats dissemblables.

Ces phénomènes n'ont pas été assez observés; l'œnologue peut et doit y trouver de graves sujets de méditation.

Loin de faire plonger le chapeau dans le liquide, loin d'arroser le chapeau avec du vin, à la manière d'un filtre, nous avons grand soin, au moment du décuvage, d'enlever toute la partie du chapeau qui s'est putréfiée et acétifiée, afin que dans l'abaissement du chapeau, pendant le décuvage, aucune partie altérée ne puisse venir, quoique momentanément sans doute, se confondre ou pénétrer dans le vin.

Du reste, nous sommes convaincus avec Thenard, que le *tartre,* le tannin, la partie colorante, ne sont pour rien dans la fermentation : ils se trouvent dans le vin, parce qu'ils étaient dans le mout ; quelques-uns se précipitent, les uns rapidement, les autres successivement, et composent ce qu'on appelle la lie du vin.

CHAPITRE V.

Des pertes que la chaleur et le mouvement occasionent à la fermentation spiritueuse par la méthode ordinaire.

Legentil, Rozier et M. Chaptal ont fait les frais de ce chapitre. Il est aisé de se convaincre, après l'avoir lu, que M. Gervais n'y a pas mis la plus petite portion de son instruction et de ses observations personnelles.

Nous nous sommes expliqués, dans la première partie, sur les pertes attribuées à la chaleur et au mouvement pendant la fermentation vineuse : nous n'y reviendrons pas.

L'examen du cinquième chapitre de la seconde partie de l'opuscule nous fournirait amplement matière à un examen qui prouverait que M. Gervais n'a pas étudié avec attention les différentes phases de la fermentation ; mais cet examen ne serait pas d'un intérêt général.

CHAPITRE VI.

Du préjudice que le manque du principe sucré occasione au vin fabriqué par la méthode ordinaire.

Non seulement M. Gervais aurait dû nous entretenir du préjudice que procure au vin l'absence du principe sucré en quantité suffisante dans le mout, mais il aurait dû considérer la question sous le point de vue des inconvéniens qui résultent pour la fermentation, lorsque le principe sucré est surabondant, ou lorsque le mout n'est pas assez aqueux, qu'il n'a pas assez de fluidité; ou bien encore, ce qui revient au même, lorsque le ferment qui se trouve dans le raisin trop sucré n'est pas suffisant pour décomposer tous les élémens saccarins que contient le mout.

Les deux extrêmes dans l'hypothèse du trop ou du trop peu de parties saccarines doivent être traités par des moyens qui tendent à ramener l'équilibre nécessaire des principes constituans de la fermentation.

Pour parvenir à ce point encore inconnu de la science œnologique, et pour en garantir la solution, il fallait faire un nombre considérable d'expériences dont l'exactitude aurait pu être vérifiée. L'auteur ne s'est pas même occupé de la théorie. Les deux articles de M. Chaptal et de Legentil, dont il a rempli le chapitre sixième, laissent chercher les explications et les remèdes de la difficulté sur laquelle on n'est pas plus avancé après l'avoir lu, difficulté que M. Gervais n'a pas même cherché à discuter.

Presque tous les auteurs auraient pu lui fournir des matériaux, il n'a pas voulu les employer; il se contente de nous dire : « Plus le principe sucré se trouve en » abondance dans le raisin, plus la liqueur qui en pro- » vient est spiritueuse. »

Ce principe n'avance, n'éclaire pas beaucoup le cultivateur qui a des raisins verts et aqueux; il y a plus : ce principe, présenté d'une manière absolue et sans exception, est radicalement faux. Il est de fait, il est reconnu que le mout très-abondant en principe sucré produit des vins très-liquoreux. L'analyse qui a été faite d'une grande quantité d'espèces de vins (1), prouve que les vins les plus liquoreux ne sont pas ceux desquels on obtient le plus d'alcool par la distillation, par conséquent ne sont pas les plus spiritueux.

Sans doute, pour obtenir des vins spiritueux il faut une somme de parties sucrées suffisante; mais quelle est la proportion, quelle est la densité du mout qui doit infailliblement produire ce vin spiritueux, quel est le point au-delà duquel il y en a trop, en-deçà duquel il n'y en a pas assez, quels sont les moyens de remédier au trop ou trop peu de parties sucrées? Telle est la question ramenée à ses premiers termes.

Les aperçus qu'elle présente sont immenses, mais ils attristent, parce qu'ils laissent à nu l'insuffisance de la science, et tout ce qui reste à découvrir avant d'être parvenu à résoudre la question d'une manière satisfaisante.

Car, dans les recherches nombreuses qui peuvent conduire au but, il faut distinguer la nature des vins et leur qualité, qui les font rechercher ou repousser par tels ou tels consommateurs.

Ainsi tel vin dont la douceur, le goût liquoreux fait tout le mérite, doit avoir un mout contenant beaucoup

---

(1) Thompson, volume 4, page 431 : il faut observer que plusieurs vins analysés et réputés naturels par Brande, sont toujours plus ou moins additionnés d'eau-de-vie sur les lieux de production.

plus de parties sucrées que celui qui doit produire un vin sec, ou un vin qui est mixte, c'est-à-dire, qui n'est ni liquoreux ni sec.

Pour résoudre l'immense problême d'établir artificiellement l'équilibre des principes constituans d'un mout parfait, afin d'obtenir partout localement un vin qui soit toujours bon, comme il n'arrive d'en avoir que de loin en loin, surtout dans les provinces du nord, il faut avoir fait l'analyse chimique du mout dans une foule de localités; il faut avoir déterminé d'une manière fixe la densité que le mout doit avoir tous les ans, à raison du but que se propose le cultivateur, pour avoir le meilleur vin possible, en exceptant les vins dans lesquels l'art de la cuisine entre pour beaucoup, comme les vins cuits et rogomés du Quercy.

Admettons pour un instant le gleuco-œnomètre de Chevalier; nous avons vu des mouts indiquer à cet instrument depuis 3 $^1/_2$ jusques à 14 $^1/_2$ degrés, et une infinité d'autres mouts dans des proportions intermédiaires de ces deux points extrêmes.

Tous ces mouts ont parcouru les diverses périodes, ont offert tous les phénomènes d'une fermentation tumultueuse, ont eu pour résultat des produits alcooliques.

Le mout du raisin marquant 14 $^1/_2$ au gleuco-œnomètre, ayant été mêlé par moitié d'une quantité d'eau à une pareille quantité de mout, a pesé encore 8 $^3/_4$.

Ce mout, indiquant 14 $^1/_2$ au gleuco-œnomètre, a été examiné, en 1818, dans les environs de Perpignan; il est possible qu'il y en ait de plus riche en partie sucrée.

Nous avons vu les détails d'une expérience d'un mout qui marquait un peu plus que zéro au gleuco-œnomètre, et ce mout aurait fermenté et produit des résultats alcooliques; mais nous nous défions de cette expérience.

Dans tous les cas, la fermentation commence et se termine à une densité qui varie depuis 3 $^1/_2$, à l'instrument de M. Chevalier, jusques à 14 $^1/_2$ degrés du même instrument.

On concevra combien d'expériences il faut faire pour déterminer la parfaite densité convenable, pour obtenir les principes constituans d'un mout dans un équilibre parfait.

Il y a un moyen de contr'épreuve des expériences qui seront faites, dans l'objet de déterminer la densité convenable pour un mout parfait.

Nous ne l'avons pas pratiqué, mais nous croyons devoir l'indiquer. Supposons que le mout qui a donné un vin excellent, ait marqué 10 degrés au gleuco-œnomètre.

Nous savons que 100 livres sucre donnent 51 livres $^{34}/_{100}$ d'alcool pur, ou 61 $^3/_4$ litres eau-de-vie à 19 $^1/_2$ degrés.

En distillant 100 parties de vin de 1815 par exemple, vin reconnu pour être très-bon, vous aurez un produit quelconque en alcool.

Ce produit en alcool vous indiquera la mesure de la quantité de parties sucrées que contenait le mout.

En connaissant la quantité de parties sucrées qui est entrée dans le mout de 1815, ou de telle autre année remarquable, vous pouvez composer un mout artificiel qui devra marquer 10 degrés au gleuco-œnomètre.

Si ce mout artificiel marque 10 degrés, l'instrument

serait mieux appelé saccaromètre que gleuco-œnomètre ; la contr'épreuve sera parfaite.

Si le mout artificiel est au-dessous de 10, ce que nous sommes disposés à croire, il faudra rester convaincu que la densité des mouts est augmentée par les autres élémens qui concourent à sa composition : si la densité du mout est augmentée par d'autres élémens, comme l'acide malique, le tartre, l'extractif, etc., et que la partie sucrée ne soit pas l'unique cause de la pénétration plus ou moins facile de l'instrument : si cette partie sucrée n'est pas la seule pondérable, dès-lors, sans analyse rigoureuse, vous ne saurez pas au juste la quantité de parties sucrées contenue dans un mout marquant 10 degrés au gleuco-œnomètre.

Dès-lors, le mout de 1821, qui marquera 10 à l'instrument, pourra bien ne pas donner un vin égal au mout de 1824, marquant également 10 ; parce que, dans l'une ou l'autre année, les élémens étrangers à la partie sucrée seront plus abondans dans un mout que dans l'autre, auront augmenté plus ou moins leur densité.

Si la même densité donne des résultats différens, il faut avoir recours à des analyses rigoureuses du mout ; et dès-lors on aurait trouvé un point d'arrêt insurmontable pour presque tous les agriculteurs ; car il faut pour tous des moyens simples, faciles et rapides.

Il y a plus : il deviendrait impossible de se rendre bien compte de combien de parties sucrées un mout quelconque devrait être additionné.

Le mout qui indiquera à l'instrument le degré convenable pour les vins de Champagne et de Bourgogne, devra indiquer un degré très-différent pour les vins du Roussillon et de la Provence.

Mais en admettant le point de densité reconnu pour tous les mouts, de quelle manière et avec quels élémens devrons-nous rétablir l'équilibre, quand le mout sera au-dessus ou au-dessous du degré reconnu?

Ici les auteurs se présentent chacun avec un moyen et un conseil.

Maupin ordonne les chaudronnées de mout bouilli, mais ce moyen diminue la quantité; de plus, il est reconnu que le vin fait avec une certaine quantité de mout bouilli, rapproché au tiers du volume primitif; il est reconnu, disons-nous, que ce vin doit être consommé dans l'année, qu'il n'est pas de garde, que la couleur diminue et se précipite rapidement, qu'il prend un goût d'altération ou de vin cuit.

Rozier indique le miel, dans la proportion d'une livre sur 200 livres de mout; il conseille aussi le mout bouilli dans des proportions diverses, depuis un vingtième jusques à un cinquième de la masse, sans indiquer les bases pour l'application de ces proportions si différentes.

Un auteur indique le moyen de faire sécher les raisins au soleil; mais en France, généralement, ils pourrissent au lieu de sécher.

M. Cadet-Devaux conseille deux gros de sucre par pinte; ce qui peut être trop ou trop peu, suivant les années.

M. Chaptal, d'après Macquer, Maupin, Rozier, Bullion, indique aussi le moyen d'évaporer une partie du mout dans les chaudières, et conseille l'addition du sucre, sans préciser aucune proportion.

D'autres auteurs conseillent le plâtre cuit, la chaux, la poussière de marbre, pour corriger l'excès d'acide dans le mout; mais ils ne disent pas que ces moyens doivent être employés au plus haut degré de chaleur possible; et de plus, les expériences 41, 42 de Fabroni ne sont pas encourageantes, puisque cet auteur avoue que de la chaux vive, pulvérisée et jetée peu à peu dans le mout, avait suspendu la fermentation et empêché le mout de se convertir en vin : le plâtre cuit n'aurait pas eu cet inconvénient.

Tous ces auteurs ont cherché du moins des remèdes dans des agens pris dans la nature des choses; mais aucun, avant M. Gervais, n'avait imaginé que tous les défauts que présentent les mouts divers pour en obtenir de bon vin, fussent dans le cas d'être corrigés par un instrument, par un procédé mécanique, comme il le soutient dans son opuscule.

Aucun auteur n'a pensé aux moyens qu'il convient d'employer pour corriger un mout trop chargé d'élémens saccarins, quand l'agriculteur ne veut pas faire un vin de liqueur, mais seulement fabriquer des vins pour la chaudière.

Ce moyen a été employé sur le mout du Roussillon, marquant 14 ½ degrés au gleuco-œnomètre.

Il fut additionné, comme nous l'avons dit, d'une quantité égale d'eau, et pesa encore 8 ¾ au même instrument.

Ce mout, additionné d'eau, fermenta très-bien, et son produit à la distillation fut d'un tiers plus considérable que le produit du vin fait avec le mout laissé à 14 ½ degrés, c'est-à-dire, pur et sans mélange.

Une fluidité plus parfaite a permis une plus entière décomposition des parties sucrées: tels sont les résultats annoncés par M. D.... des environs de Perpignan.

On n'a pas parlé non plus d'un remède qui nous paraît plus facile à se procurer qu'on ne le pense : ce serait celui d'ajouter du ferment de vin aux mouts trop riches en parties sucrées. Dans les pays de vins blancs, on pourrait ramasser du ferment en prenant quelques précautions; on pourrait ajouter du ferment de bière, on en vend de tout desséché en Angleterre.

Enfin, nous ajouterons que dans les pays où le mout est plat, dépourvu de parties sucrées, où le vin n'est pas généreux, mais petit et faible, on pourrait ajouter de l'eau-de-vie à légère dose de $^1/_2$ à 1 pour %. Que peut produire le sucre qu'on ajoutera au mout? de l'alcool, voilà tout. Pourquoi n'ajouterait-on pas, dans le mout ou dans le vin, de l'eau-de-vie dans une proportion convenable? Ce moyen serait aussi économique que l'addition du sucre; il n'y aurait d'autre différence, que le sucre est un agent, un principe constituant de la fermentation, et que l'alcool en est le produit.

Nous avons parlé d'économie; ce mot nous force à considérer la question qui nous occupe sous d'autres rapports.

Lorsque la théorie et la pratique auront indiqué les moyens de corriger les mouts qui pécheront ou par excès de principes aqueux, acides, ou par excès de principes sucrés; lorsqu'on aura composé un code renfermant toutes les formules appliquées à toutes les circonstances, de manière que le propriétaire soit sûr tous les ans de faire, sinon des vins égaux en qualités, du moins très-bons, très-rapprochés de la meilleure qualité relative, il faudra que l'exécution de ces procédés formulaires ne coûte pas plus aux agriculteurs que le bénéfice qu'ils pourront en retirer.

Qu'importe que M. Cadet-Devaux vende son vin 10 fr. par poinçon de plus que ses voisins, si les additions de sucre qu'il fait à son mout, les frais de manipulation coûtent plus que les 10 fr. qu'il obtient, comparativement à ses voisins qui ne prennent aucune précaution?

Voilà pour les vins communs dont la France abonde. Quand on réfléchit à la quantité toujours croissante d'expressions très-souvent abstraites avec lesquelles les acheteurs de vins fins cherchent ou prétendent chercher à définir ou qualifier les défauts et les qualités des grands vins, on doit désespérer de faire artificiellement des vins qui puissent les satisfaire, et s'emparer de toutes les applications de leur dictionnaire commercial.

Quel sera l'agriculteur des grands vins de Médoc, d'Hermitage, de Bourgogne, de Champagne, qui sera assez fou pour employer des moyens artificiels pour la fabrication de ses vins, à moins que ce ne soit dans les années désespérées par le mauvais conditionnement de la vendange, comme 1809, 1816?

Il ne s'agit pas, pour ces grands vins, de contenir beaucoup d'élémens alcooliques. « Les meilleurs vins » de Bourgogne donnent à peine plus d'eau-de-vie que » les vins des environs de Paris, et en donnent beau- » coup moins que ceux du midi; et cependant il existe » une grande différence entre la qualité des uns et la » qualité des autres. » Thenard, t. 3, p. 479.

Nous n'avons jamais fait la plus petite expérience

personnelle pour corriger le mout du raisin : nous désirons infiniment qu'il en soit fait ; mais en les publiant, nous conseillons de ne pas imiter les auteurs qui se sont occupés de cette partie, et qui n'ont jamais parlé de la densité des mouts sur lesquels ils ont opéré : on peut employer le gleuco-œnomètre, les aréomètres de Baumé, de Cartier, peu importe, pourvu que la densité soit prise sur un instrument qui soit connu.

CHAPITRE VII.

Du préjudice qu'éprouve le vin par la nécessité de décuver le vin avant la fin de la fermentation.

La manière dont M. Gervais a traité la question qu'il a posée lui-même, prouve évidemment ou qu'il n'a jamais fait de vin, ou qu'il n'a pas fait la plus petite observation ou réflexion sur l'époque vraie du décuvage, ainsi que sur l'influence d'un décuvage trop précipité.

Nous avons vu qu'en Bourgogne les vins de primeurs sont décuvés avant la fin de la fermentation ; aussi c'est dans Legentil que M. Gervais va chercher ses preuves, sans faire attention qu'il tire une conséquence, générale pour toute la France, d'une vinification spéciale qui fait exception aux méthodes usitées ; sans faire attention qu'en décuvant le vin avant la fin de la fermentation, il n'en résulte qu'un inconvénient possible, celui de perdre une partie de la couleur qu'un plus long séjour dans la cuve aurait procuré ; car, si la fermentation a été insuffisante, incomplète dans la cuve, elle se reforme, elle recommence dans les futailles, où il faut qu'elle s'achève si on veut avoir du vin; tandis qu'en différant trop l'époque du décuvage, le vin, loin d'acquérir, ne peut prendre que des défauts, celui surtout du goût de la râpe; ce qui le rend dur, acerbe, de mauvais goût.

Au point où se trouve l'œnologie en France, l'époque vraie du décuvage est encore une question neuve pour une foule de propriétaires qui décuvent sans règle, sans connaissance de cause.

D'où il suit qu'une grande quantité de vignobles livrent au commerce ou à la consommation des vins qui n'ont pas les qualités dont ils sont susceptibles, ou qui comportent des défauts, des vices dont il serait facile de les garantir.

Une longue pratique nous a mis dans le cas d'observer et de recueillir quelques faits positifs que nous ferons connaître, afin de suppléer, autant que nous le pourrons, à l'absence de renseignemens convenables, dans le chapitre qui fait l'objet de notre examen.

L'époque du décuvage a été pendant plusieurs siècles une sorte de mystère pour les agriculteurs: elle était livrée, comme elle l'est encore presque partout, à la routine, au hasard; ou bien cette époque, si essentielle à saisir pour la meilleure qualité possible du vin, est considérée comme peu importante.

En 1779, l'Académie des sciences de Montpellier proposa la solution de la question ci-après:

« Déterminer par un moyen fixe, simple, et à portée
» de tout cultivateur, le moment auquel le vin en fer-
» mentation dans la cuve aura acquis toute la force, toute
» la qualité dont il est susceptible. »

Telle qu'elle est posée, la question ne pouvait être résolue d'une manière complètement satisfaisante ; l'Académie exigeait ce qui était alors impossible, à raison de l'ignorance où l'on était sur les conditions, les causes et les effets de la fermentation.

Divers mémoires furent présentés : deux seulement furent distingués et imprimés.

Celui de Bertholon fut couronné : il ne devait pas l'être, ou du moins aurait-il fallu attendre que l'expérience eût justifié le mérite et les succès des divers procédés œnométriques qu'il avait imaginés pour déterminer l'époque fixe du décuvage.

Cette expérience n'a point confirmé la décision de l'Académie : aussi tous les œnomètres, la balance hydrostatique de Bertholon, ont été abandonnés comme ils devaient l'être. En effet, ces instrumens ne devaient ni ne pouvaient servir qu'à justifier de l'apparition matérielle de l'un des périodes de la fermentation, celui de l'affaissement du chapeau, sans prendre en considération les autres phénomènes qui indiquent, aussi bien et mieux que l'affaissement du chapeau, l'époque vraie et non pas fixe du décuvage.

Si l'affaissement du chapeau suffisait pour déterminer l'époque fixe du décuvage, certes il serait facile de ne jamais se tromper. Nous avons vu que l'émission du gaz acide carbonique, aussitôt que la fermentation vineuse s'établit, occasione le départ qui se fait dans les cuves entre les parties solides et le liquide. Cette émission et la dilatation plus ou moins abondante du gaz acide carbonique, étant l'unique cause de l'ascescence et par conséquent de l'affaissement du chapeau, toutes les causes, toutes les circonstances qui peuvent contrarier, diminuer l'émission et la dilatation de ce gaz, et par suite l'ascescence du chapeau, doivent produire son affaissement : ces causes, ces circonstances pouvant être étrangères au travail fermentatif, à ses principes constitutifs, à son entité, il arrivera souvent que cet affaissement aura lieu sans que la décomposition des élémens du vin et leur nouvelle combinaison soient arrivées au point vrai auquel il convient toujours de sortir le vin de la cuve.

Ainsi, dans les départemens du nord de la France, un froid assez vif pour affaiblir, suspendre ou paralyser la fermentation en diminuant la température du liquide dans la cuve, fera baisser le chapeau sans et avant que le mout soit convenablement converti en vin.

Dans le midi, comme le prouve l'expérience de M. Poitevin, expérience (1) faite aux environs de Montpellier, et comme nous l'avons observé très-souvent, il arrive fréquemment de trouver le mout froid dans nos cuves, sans aucune cause qui puisse expliquer ce phénomène : la température s'y abaisse au niveau de l'air extérieur, et même au-dessous, pendant un temps plus ou moins long, c'est-à-dire, un jour, plusieurs jours de suite ; le travail fermentatif est plus ou moins interrompu, il en résulte un affaissement du chapeau de la cuve, avant que les autres phénomènes de la fermentation se soient présentés et accomplis. Si donc on décuvait dans cette hypothèse présentée par Bertholon comme époque fixe, simple de décuvage, on se tromperait infiniment, car on n'obtiendrait pas très-souvent la moitié de la coloration dont le

(1) Voyez M. Chaptal.

vin est susceptible, à laquelle il finit de parvenir par le renouvellement de la chaleur dans la cuve, par la reprise du travail fermentatif : aussi ne nous en rapportons-nous pas exclusivement au signe de Bertholon, nous attendons la manifestation des autres caractères qui doivent concourir à déterminer le propriétaire sur l'époque vraie du décuvage.

Legentil, dont l'esprit observateur et la grande pratique n'avaient besoin que d'être éclairés par la théorie découverte depuis sur la fermentation, noya, si l'on peut s'exprimer ainsi, la solution du problême proposé dans un mémoire d'une prolixité tout-à-fait fatigante.

Rozier, tout en rendant justice à Legentil, crut trouver l'époque du décuvage dans la couleur du liquide filtré avec du papier gris, dans l'absence de bulles d'air dans le vase contenant le vin filtré, et dans l'absence, autour du verre, d'un cercle qu'il prétend formé par un *mucor* particulier, enfin dans l'affaissement du chapeau.

En résumé, ce sont les indications, c'est le concours de trois signes matériels, que Legentil avait parfaitement observés et reconnus, qui servent de règle à la plupart des agriculteurs qui comptent pour beaucoup de décuver leurs vins à propos, c'est-à-dire, ni trop tôt ni trop tard.

Voici comment on procède.

On perce la cuve à sa circonférence : l'ouverture en rond doit être de six lignes ou de quinze millimètres environ de diamètre : on ferme le trou avec un fausset en bois de droit-fil assez fort pour être cogné et retiré à volonté sans casser, ou par un robinet de la grosseur de l'ouverture.

Ce fausset ou robinet doit être placé au tiers environ

de la hauteur de la cuve, en partant d'en bas si la cuve est pleine : ainsi, dans une cuve comme celle de la planche qui se trouve à la fin de l'ouvrage, on placerait le fausset ou robinet au-dessus du troisième cercle. Si la cuve n'est pas pleine, l'ouverture doit être faite au centre de la partie de la cuve remplie par le liquide, en admettant que le chapeau soit formé.

Quand on veut connaître et juger l'état de la fermentation, ses progrès, on tire du vin par le fausset dans une tasse d'argent un peu applatie et bombée au centre ; les signes ou indications du moment vrai du décuvage s'apprécient, se jugent infiniment mieux que dans un verre : le degré de coloration est beaucoup plus facile à reconnaître ; et pour le mieux observer, le dégustateur doit se placer à contre-midi, c'est-à-dire, en face d'un mur dont l'exposition soit au nord, et successivement, suivant l'heure du jour.

Pour opérer le décuvage dans le moment opportun, voici l'instruction et les observations qui doivent empêcher tout mécompte.

Il n'est pas besoin de dire que nous ne parlons que des vins rouges : le mout, lorsqu'on le jette dans la cuve, a un goût plus ou moins vert et acide ; dans ces deux cas, il est plus ou moins fluide et aqueux, ou bien il est plus ou moins doux et sucré : dans ces deux dernières hypothèses, il est plus ou moins visqueux, poissant aux doigts quelques instans après l'avoir touché, et que la partie aqueuse a été absorbée par l'air ambiant.

Voilà pour la saveur.

La couleur du mout sortant du fouloir ou pressoir est opaque, d'un rouge terne, louche, trouble, suivant que les raisins ont été foulés, et suivant les terrains et les cépages.

Voilà pour la couleur.

Le mout est presque inodore, ou d'une odeur végétale ou de fruit, peu intense, s'il n'a pas fermenté avant d'être mis dans la cuve.

Un des premiers effets de la fermentation est de développer une chaleur dans le liquide.

Cette chaleur est plus ou moins forte, à raison de la température extérieure qui influe sur la température du liquide, à raison aussi de la simultanéité de la fermentation et de la bonne qualité du mout, c'est-à-dire, de la proportion des élémens créateurs du vin, ou, en d'autres termes, de l'équilibre de ses principes constituans.

La chaleur n'est pas appelée à décider de l'époque du décuvage; son intensité relative seulement rend le travail de la vinification plus ou moins prompt, l'accélère ou le retarde.

Mais il s'opère trois phénomènes après un, deux, trois jours, quand la fermentation est favorisée, ou plus tard quand elle est contrariée; lesquels phénomènes doivent servir de régulateurs.

La saveur, d'acide, fade ou sucrée qu'elle était, s'affaiblit, malgré qu'un mout acide conserve toujours, même après la vinification, un goût vert et acide; mais les goûts fade et sucré disparaissent et se changent successivement en une saveur vineuse, définitivement en un goût de vin nouveau, que tout le monde connaît, et participant un peu au goût du fruit.

L'odeur, qui était presque nulle, devient piquante, forte, monte au cerveau, n'ayant plus de rapport avec l'odeur végétale ou de fruit.

Le liquide perd successivement son opacité ; la couleur s'établit par nuances, et se forme progressivement d'un rouge violet que l'œil pénètre plus aisément, bien que le vin soit bourru ; il prend la teinte relative que comportent le terrain, les cépages et les climats.

Le phénomène de la coloration est le dernier à se montrer, parce qu'il faut que la partie spiritueuse ou alcoolique soit formée, pour dissoudre et s'approprier les élémens colorans qui se détachent de la pellicule, plus ou moins riche en couleur, de la graine du raisin.

Cette coloration accompagne nécessairement un goût vineux, une odeur de vin ; car il y a eu décomposition de la partie sucrée, recomposition du mout en esprit ou alcool.

Ainsi la saveur se change pour prendre celle du vin ; l'odeur vineuse se développe, et la couleur se forme plus intense. Telle est, après un certain nombre de jours de fermentation, qui varie suivant le temps ou la saison, froide ou chaude, la bonne ou mauvaise qualité du raisin ; telle est l'époque vraie du décuvage qu'il faut se hâter de saisir, lors même que la liqueur serait trouble, froide ou chaude, à peine de laisser prendre au vin des vices, des défauts qu'il est impossible de lui enlever.

Ces trois indications ne se développent, ne se montrent jamais simultanément, sans que l'affaissement du chapeau n'ait eu lieu ; ou bien c'est le moment où il s'affaisse, dans le cas assez rare où le travail fermentatif n'aurait pas éprouvé le plus petit obstacle intempestif ; car l'émission et la dilatation des bulles d'air produites par le gaz acide carbonique, diminuent infailliblement à mesure que le mout se change ou est changé en vin.

Le cultivateur apprécie donc la saveur du vin par le goût, l'odeur vineuse par l'odorat, la coloration de la liqueur par la vue; par conséquent, trois sens discutent, délibèrent et jugent ensemble. Certes, l'action, le concours de trois sens qui s'exercent sur un objet matériel, sur un liquide dont les métamorphoses s'exécutent sous leur examen journalier comparatif, doivent éviter tout mécompte ou toute forte erreur; car, en admettant qu'un des trois juges se trompe, les deux autres le combattent et le redressent dans sa décision erronée.

Ces trois signes, ces trois indications et leur concours, sont matériels, positifs, infaillibles, à la portée de tout cultivateur, qui peut faire lui-même son éducation pratique en suivant journellement la marche de la fermentation de sa cuve ou de ses cuves, soit par des dégustations, soit par un examen journalier, afin de n'agir et de procéder au décuvage qu'en pleine connaissance de cause.

L'expérience et la connaissance de la couleur ordinaire d'un cellier ou des celliers voisins, doit régler le cultivateur, car les couleurs sont bien loin d'être égales partout, leur nuance se subdivise à l'infini : il convient donc d'avoir l'habitude de la couleur locale sur laquelle on est appelé à prononcer; d'ailleurs, quand la vendange n'est pas mûre, ou pas assez mûre, le vin nouveau a toujours relativement moins de couleur. Ainsi, en ayant soin de s'assurer de la maturité relative du raisin; en se fixant bien sur les qualités ou les défauts du mout, il est facile, avec de l'expérience surtout, de juger, même à l'avance, du degré approximatif de couleur que le mout et les résultats de la fermentation pourront développer à l'époque vraie du décuvage.

Ces explications, qui forment en quelque sorte un résumé pratique du long mémoire de Legentil, concilient et expliquent toute la dissidence des divers auteurs sur l'époque vraie du décuvage.

Vers la fin de la fermentation tumultueuse, la chaleur très-forte à laquelle a été soumise le chapeau, fait ramollir la queue du raisin. On peut alors facilement l'écraser avec les doigts et en faire sortir un jus très-acerbe : si le cultivateur retarde de sortir son vin au moment de la réunion des trois indications prescrites, les parties spiritueuses du liquide étant presque toutes développées, agissent sur les corps solides de la vendange par l'immersion des râpes dans le vin, immersion qui est la suite de l'affaissement du chapeau. Alors le vin prend en très-peu de temps un goût âpre, dur, acerbe ; enfin, un goût de râpe et l'odeur qu'elle comporte. Si le liquide gagne un peu en couleur, il perd la plus grande partie des agrémens attachés à la sève et au bouquet d'un vin exempt des inconvéniens ou défauts que nous venons de signaler.

Ainsi nous n'indiquons aucune durée fixe au travail fermentatif de la vendange ; nous ne conseillons pas plus de décuver quand le mout est froid, sans que la vinification soit complète, que nous ne conseillons d'attendre que la chaleur de la fermentation soit tout-à-fait et définitivement tombée, pour décuver. M. Chaptal a été mal renseigné, quand il a écrit qu'on ne décuvait dans le Bordelais que lorsque la fermentation était terminée et la chaleur tombée : tous les propriétaires qui font bien leurs vins, les décuvent quoique chauds, tièdes ou froids, quand le goût, l'odorat et la vue leur prouvent que le vin est arrivé au point où il ne peut plus acquérir; qu'il leur est démontré qu'en retardant davantage, le vin prendrait les vices ou les défauts que nous avons signalés, si on prolonge le séjour du vin dans la cuve.

Nous désirons que nos explications pratiques soient plus utiles aux agriculteurs, que les cinq principes théoriques que M. Chaptal a établis, page 117 et suivantes, 2.e volume, pour une fermentation courte, en opposition aux quatre principes théoriques qui tendent à prouver que la fermentation doit être d'autant plus longue. Car il peut arriver, et nous avons remarqué qu'il est rare qu'il n'arrive pas qu'en s'attachant à ces principes, sans autre règle, sans autre observation, sans indications expérimentielles positives, il n'y ait des principes pour et des principes contre, dans les circonstances indiquées par l'auteur : ce qui laisse l'agriculteur dans un vague, dans un état d'irrésolution dont rien ne peut le sortir, lorsqu'il n'a pas de point d'appui matériel qui puisse servir de base à sa détermination.

Nos indications, en tenant en quelque sorte l'agriculteur par la main jusques au but qu'il se propose, n'ont pas non plus le défaut d'être prises isolément les unes des autres; elles forment au contraire un ensemble qui les fait toutes ressortir, pour justifier du moment vrai auquel il convient de décuver.

On nous objectera peut-être que lors de l'apparition justificative de la concordance de nos indications, le vin peut ne pas être entièrement fait, la partie sucrée

10

peut ne pas être généralement décomposée, enfin la couleur peut ne pas être arrivée au dernier degré d'intensité auquel elle est susceptible d'arriver.

Nous pourrions dire que de deux ou trois maux il faut choisir le moindre ; mais les objections ne seraient pas résolues, et leur réponse corroborera, nous l'espérons, les instructions pratiques que nous avons déduites.

Nous disons, 1.° que le vin termine dans les futailles, par une fermentation un peu plus ou un peu moins tumultueuse, plus ou moins longue, le reste de la décomposition de la partie sucrée ; que par conséquent il ne perd rien de l'esprit ou de l'alcool qu'il était susceptible d'acquérir, si à l'instant du décuvage il existait encore un peu de mout non décomposé.

Ce reste de travail fermentatif, que des vents de sud, une saison chaude prolonge, que des vents de nord, une saison froide ralentit dans les futailles, est de la même nature que le travail de la cuve, et présente en petit les mêmes phénomènes : c'est encore une précipitation du bas en haut ; il y a encore émission et dilatation du gaz acide carbonique, qui élève à la bonde de la futaille plus ou moins d'écume, les pellicules, les pepins qui ont pu s'échapper au décuvage ; le bruit qu'il fait ressemble, pour des quantités, à celui des feuilles agitées par le vent : le vin, durant ce travail, est louche, conserve avec son goût vineux un certain goût de fruit qui tend à se détruire ; et c'est lorsque ce travail cesse, que le vin devient clair et fin, que la précipitation du tartre de la matière colorante et des élémens grossiers, insolubles ou non dissous, étrangers au vin, au lieu de s'élever du bas en haut, tombent au fond de la futaille pour y former le dépôt qu'on appelle la lie.

2.° S'il fallait attendre, pour décuver, que le vin fût arrivé au dernier degré de coloration, il faudrait attendre souvent un temps infini ; car, dans le Médoc, les vins des bons crus, ceux surtout provenant des bons cépages, augmentent de couleur, notamment dans les bonnes années, pendant deux et trois ans, par l'effet de la fermentation insensible qui a lieu et qui perfectionne la liqueur dans la futaille. Cette intensité de couleur est souvent telle, qu'il y aurait lieu de penser qu'on aurait mêlé ou coupé ces vins avec des vins de forte couleur.

Nous croyons avoir prouvé qu'il n'existe aucune nécessité reconnue de décuver avant que le vin soit fait. Nous pensons que c'est à tort que M. Gervais attribue à cette prétendue nécessité tous les inconvéniens qu'il signale comme devant résulter d'un décuvage qui a lieu dans un moment opportun.

Nous ne pouvons nous dispenser de dire que les propriétaires font une faute de laisser goûter leurs vins nouveaux avant qu'ils ne soient ce qu'on appelle parés, c'est-à-dire, avant que la fermentation dans la futaille soit achevée, puisqu'il est vrai que tout le corps, toute la partie spiritueuse n'est pas développée : il en résulte qu'ils laissent goûter dans une circonstance défavorable à leurs intérêts ; à plus forte raison font-ils une faute énorme de laisser goûter en cuve. Nous soutenons que ni l'acheteur ni le vendeur ne peuvent rien juger de positif avant que le mout soit au moins converti en vin, et l'on ne peut se fixer qu'au moment du décuvage ; et il reste encore la fermentation, insensible ou plus ou moins tumultueuse, qui a lieu dans les barriques, fermentation dont tous les résultats alcooliques par leur nature sont toujours en faveur du vin, par conséquent dans l'intérêt du propriétaire.

Parmi les moyens qui ont été essayés pour déterminer l'époque importante du décuvage, nous ne devons pas oublier d'indiquer le gleucomètre de M. Cadet-Devaux, comme s'étant le plus approché du point que l'œnologie réclame depuis si long-temps.

Nous pensons néanmoins qu'il est bien loin de résoudre le grand problême. Il est vrai que M. Cadet-Devaux a fait quelques pas dans le sentier de la vérité; mais son instrument n'est qu'un aréomètre ordinaire dont les points fixes sont changés, et qui, dans sa marche, ne tient aucun compte des circonstances puissantes que présentent les climats, les saisons, et toutes les causes qui modifient la matière élémentaire du vin.

Nous ne devons pas dissimuler que tous les instrumens destinés à indiquer l'époque vraie du décuvage sont sujets à faire commettre de grandes erreurs aux agriculteurs qui s'en serviront avec assez de confiance, pour négliger les indications données par Legentil et les caractères particuliers des localités, tant que ces instrumens porteront un point de départ fixe.

Il y a déjà plusieurs mois que nous sommes témoins de la confection d'un saccaromètre que nous croyons pouvoir annoncer comme devant répondre à toutes les questions qui naissent du sujet. L'expérience que nous en ferons avec son auteur, pendant les vendanges prochaines, fournira les instructions qui accompagneront sa publication, et nous mettra dans le cas d'en parler avec l'intérêt que son utilité lui fera mériter.

CHAPITRE VIII.

Des effets de l'action de l'air sur la fermentation spiritueuse.

M. Gervais n'a trouvé dans l'action de l'air qu'un principe désorganisateur, et il n'a vu dans ses effets que des ravages pour résultats.

« La soustraction de l'air ralentit le mouvement fermentatif, menace d'explosion, de rupture (1).

» L'action de l'air favorise la dissipation de l'esprit ardent : elle entraîne le gaz acide carbonique avec l'esprit et le parfum ; elle attaque les corps solides et liquides, altère leurs principes, et amènerait la décomposition du vin. »

Cependant, dans tous les temps, malgré le principe désorganisateur et les ravages de l'air, on a toujours fait des vins qui ont convenablement fermenté et qui se sont très-bien conservés quand on a fait le nécessaire.

« De tous les temps on a voulu chercher les moyens de masquer et corriger les effets de l'air ; mais tous ces faibles moyens étaient trop au-dessous de ce que l'homme célèbre, qui est l'organe de la nature dans tous les arts chimiques, avait reconnu nécessaire pour ne pas porter son génie à indiquer le spécifique que la nature attendait de l'art pour compléter la vinification. »

Nous croyons avoir amplement prouvé que l'appareil

(1) Pages 28 et 29 de l'opuscule.

vinificateur n'est pas le spécifique que M. Chaptal indiquait.

Il est indispensable d'examiner la question qui fait la matière du huitième chapitre, à raison de son importance dans l'art de faire le vin.

L'influence de l'air est-elle nécessaire pour développer la fermentation spiritueuse? est-elle encore nécessaire pour entretenir le mouvement fermentatif du mout du raisin, quand ce mouvement est commencé? Si dans ce dernier cas l'influence de l'air n'est pas indispensable, quels sont les moyens qu'il convient d'employer pour obvier aux inconvéniens qui peuvent résulter de son action libre?

Nous disons, 1.° que l'air ou plutôt l'oxygène est chimiquement indispensable pour déterminer et développer toutes les fermentations spiritueuses, et que cet oxygène doit être élevé à une certaine température, pour devenir le principe créateur de la fermentation.

2.° Que dès que l'oxygène a imprimé le mouvement fermentatif à la masse d'un liquide susceptible de fermentation vineuse, ou, en d'autres termes, dès que le mout naturel ou artificiel a été chimiquement oxygéné, le contact de l'air n'est pas physiquement nécessaire pour que les lois de la fermentation s'accomplissent.

3.° Que ces lois s'accomplissent plus ou moins lentement, en proportion de la soustraction de la masse au contact de l'air.

4.° Qu'une désoxygénation artificielle comme dans le mutisme des vins, ou bien un grand abaissement de température pour un temps indéfini, neutralise et empêche la fermentation vineuse.

5.° Que dès que la masse est oxygénée, comme cela arrive naturellement en écrasant la vendange à une température de 10 à 12 degrés, il est beaucoup plus avantageux de soustraire la masse fermentante à la continuité de l'action libre et générale de l'air atmosphérique sur toute la surface du chapeau; qu'il suffit de laisser un dégagement quelconque à l'évaporation du gaz acide carbonique, afin d'éviter la rupture possible de la cuve, afin aussi de ne pas trop retarder le travail de la fermentation.

L'étude de tout ce qui a été écrit sur la question qui nous occupe, a offert pendant très-long-temps les contradictions les plus fortes.

En effet, l'expérience de Lavoisier avait été faite dans des vases hermétiquement clos : le contact de l'air atmosphérique était physiquement impossible avec le mout artificiel que cet auteur avait composé; cependant la fermentation alcoolique fut complète. Il paraissait donc inutile d'employer l'action de l'air pour développer la fermentation.

Fabroni, pages 21 et 215, prétend que « le contact de » l'air n'est pas un ingrédient nécessaire à l'effectuation » du phénomène de la fermentation. » Il rapporte à l'appui deux expériences de mouts placés sous la machine pneumato-chimique et dans le vide de Torricelli, lesquels mouts, malgré ces circonstances, rigoureuses en apparence, avaient cependant produit une fermentation excellente.

M. Chaptal (1) avait adopté le même principe : l'ex-

---

(1) Page 61, édition de 1801.

périence qu'il a citée dans ses premières éditions, et qui au fait n'était que la répétition des expériences que nous avons rappelées, avait porté l'auteur à soutenir que l'air atmosphérique n'était pas indispensable pour réaliser une fermentation complète.

Toutes ces fausses théories ont été définitivement détruites par l'expérience décisive du célèbre Gay-Lussac.

Cette expérience prouve invinciblement que, privé du contact de l'air, le mout du raisin qui ne s'est pas trouvé placé dans la position de s'oxygéner chimiquement, ne possède pas la propriété de fermenter, qu'il l'acquiert au contraire sur le champ par son contact avec l'oxygène.

Dans son édition de 1819, M. Chaptal n'ayant pas donné textuellement les détails intéressans de l'expérience de Gay-Lussac, nous croyons utile de la rapporter ici.

« J'ai pris une cloche dans laquelle j'ai introduit de » petites grappes de raisins parfaitement intactes; et, » après l'avoir renversée dans le mercure, je l'ai remplie » cinq fois de suite de gaz hydrogène pour chasser les » plus petites portions d'air atmosphérique. Après cela » j'ai écrasé le raisin dans la cloche au moyen d'une » tige de fer, et je l'ai exposée à une température de » 15 à 20 degrés. Vingt-cinq jours après, la fermentation » ne s'était pas déclarée, tandis qu'elle s'était déclarée » le jour même dans du mout auquel j'avais ajouté un » peu d'oxygène. Pour m'assurer que c'était à cause de » l'absence de ce gaz que la fermentation ne s'était pas » manifestée dans la première cloche, j'y ai introduit » un peu d'oxygène, et peu de temps après elle a été » très-vive : d'où il est évident que si l'oxygène est né-

» cessaire pour commencer la fermentation, il ne l'est
» point pour la continuer; j'ai obtenu un volume de gaz
» acide carbonique cent vingt fois plus considérable que
» celui de gaz oxygène que j'avais ajouté au mout de
» raisin (1). »

Concilions les contradictions apparéntes qui résultent des expériences de Lavoisier, Fabroni, de M. Chaptal, avec celle de Gay-Lussac, car elles impliquent entr'elles sur le même fait la contradiction la plus complète.

Les mouts artificiels et naturels employés par Lavoisier, Fabroni et M. Chaptal, avaient eu le temps de s'oxygéner chimiquement, soit pendant la manipulation des mouts artificiels, comme nous l'avons déjà dit au chapitre premier, soit pendant le foulage (au contact libre de l'air) du mout du raisin employé par Fabroni.

Ces divers mouts étaient saturés convenablement d'oxygène avant les expériences, comme le mout foulé plus ou moins que nous jetons dans nos cuves. Au contraire, dans l'expérience de Gay-Lussac le mout provenant des raisins écrasés dans le vide sous la cloche, ayant été privé de tout contact avec l'oxygène, n'a pu fermenter. Telle est l'explication des résultats, contradictoires en apparence, d'expériences qui paraissaient les mêmes.

---

(1) L'expérience de Gay-Lussac, pour faire le vide de Torricelli, étant coûteuse et difficile, excepté dans les laboratoires, nous espérons indiquer bientôt un moyen aussi simple que peu dispendieux pour obtenir les mêmes résultats; nous pourrions l'essayer sur du vin muet, mais nous préférons attendre l'époque de la maturité du raisin, pour nous assurer de l'exactitude de notre moyen, et en faire part, si le succès, comme nous l'espérons, répond à notre attente.

Cette expérience de Gay-Lussac a encore prouvé invinciblement, qu'aussitôt que par le contact de l'oxygène la fermentation spiritueuse s'est établie dans le mout, la masse fermentante n'absorbe plus d'air atmosphérique, qu'elle n'en a plus besoin pour parcourir tous les phénomènes de la vinification.

Il est vrai que ces phénomènes s'accomplissent plus ou moins lentement, en proportion de ce que la masse fermentante est plus ou moins soustraite au contact libre de l'air, et à raison de l'obstacle que cette soustraction interpose au dégagement de l'immense quantité de gaz acide carbonique que développe la fermentation.

Déjà nous avons traité cette question au chapitre deux. Lorsqu'on n'emploie pas les alcalis pour absorber le gaz acide carbonique, il est bien difficile de s'assurer, par des moyens ordinaires dans la pratique des cuveries, qu'on empêchera toute évaporation de gaz acide carbonique provenant d'une grande masse liquide dans laquelle ce gaz se trouve fortement comprimé. Son élasticité lui procure plus ou moins promptement des moyens de dégagement dont il est presque impossible de se rendre compte.

C'est par les circonstances d'un dégagement inaperçu, inexplicable, de gaz acide carbonique, que souvent on a trouvé dans un panier de vin de Champagne des bouteilles dont le vin est mousseux, tandis que dans d'autres, traitées identiquement avec les mêmes élémens, le vin a perdu la faculté de mousser, bien que ce dernier vin soit sans altération.

On plongerait même le vaisseau contenant la masse fermentante dans l'eau, qu'on n'aurait pas de garantie physique pour rendre impossible tout dégagement de gaz acide carbonique.

Mais qu'importe, si l'agriculteur ne doit obtenir aucun bénéfice à contrarier le dégagement du gaz acide carbonique? Nous avons prouvé que la concentration de ce gaz dans le vin était plus nuisible qu'avantageuse.

Nous avons soutenu que la fermentation parcourait ses périodes, à moins d'une désoxygénation artificielle, comme dans le mutisme.

L'opération du mutisme, par le moyen de l'acide sulfureux, ou par le moyen d'autres élémens qui ont des affinités chimiques avec l'oxygène et qui l'absorbent; cette opération, disons-nous, n'a d'autre résultat que de suspendre et empêcher la fermentation du mout de raisin, en absorbant le gaz oxygène dont le mout est saturé : ainsi le meilleur agent pour le mutisme est celui qui désoxygène le mieux le mout, sans altérer ou décomposer les principes qui le constituent.

Le mutisme empêche-t-il la fermentation de se rétablir, dès qu'on rend au vin muet la quantité d'oxygène nécessaire pour développer le travail vinificateur?

Nous répondons formellement que le mutisme n'empêche pas la fermentation, dans l'hypothèse que nous venons de préciser.

Nous devons relever, à cette occasion, les nombreuses erreurs dans lesquelles est tombé M. Duportal, professeur de chimie, dans son Commentaire de l'ouvrage de M. Chaptal, tome 76, Annales de chimie.

Il dit, page 72 : « Que le mout qu'on a fortement » chargé de gaz sulfureux, ne peut jamais fermenter; » qu'il préserve même de la fermentation le vin auquel

» on en mêle deux ou trois bouteilles par tonneau. Ce » mout ainsi préparé porte le nom de vin muet. »

Page 73 : « Quelle est l'action chimique produite sur » le mout dans l'action du mutisme ? Cette opération tend » évidemment à préserver ce fluide de la fermentation ; » et comme celle-ci n'a pas lieu sans ferment, il est » permis d'affirmer ici que cet agent est dénaturé et » rendu insoluble. »

Page 74 : « Toutefois est-il certain que dans le mu- » tisme le ferment est dénaturé et rendu en partie in- » soluble. »

Nous espérons que M. Duportal verra sans peine que nous soutenions qu'il s'est entièrement trompé, dans les assertions positives que nous venons de rappeler.

Il est de fait que le mout qui a subi l'opération du mutisme peut parfaitement fermenter dès que l'oxygène lui est rendu. C'est précisément pour avoir à volonté un agent fermentateur, un moyen très-actif de fermentation, que l'on mute les vins.

Les expériences de Gay-Lussac, page 247 et suivantes, tome 76 des Annales de chimie, prouvent de la manière la plus évidente le contraire de ce que M. Duportal a avancé ; car ces expériences ont été faites sur des mouts désoxygénés.

Non-seulement deux ou trois bouteilles de vin muet, mises dans une barrique de vin, n'en empêchent pas la fermentation, mais au contraire elles suffisent pour y établir la fermentation la plus violente quand on ferme la bonde, et que le vin est soustrait à l'action de l'air ambiant. Dans ce cas, le vin muet agit comme du mout ou comme du sucre ajouté dans du vin fait.

Depuis soixante-dix ans environ, on se sert à Bordeaux de la quantité de deux ou trois bouteilles de vin muet par barrique, pour établir une fermentation très-forte dans les vins que l'on veut amalgamer et rendre homogènes : ces vins travaillés sont destinés pour l'Angleterre. Cette fermentation dure plusieurs mois; elle est tellement forte, que les barriques, sous *le travail*, étant cerclées de six cercles de fer, fortement contrebarrées, assujetties les unes et les autres par des bois de bout, il arrive que, malgré toutes ces précautions, il y a des barriques qui font explosion, et dont le vin se trouve perdu. On a vu des murs ébranlés par la force de dilatation imprimée au vin appelé *sous le travail*, c'est-à-dire, additionné de deux ou trois bouteilles de vin muet (1).

Le ferment du mout n'est donc pas dénaturé dans l'opération du mutisme, il a donc au contraire conservé toute son énergie, toutes ses facultés fermentescibles : il ne faut, pour les lui rendre, que le contact de l'air ou de l'oxygène, ou le mélanger avec un vin qui contienne l'oxygène suffisant.

M. Duportal peut très-facilement se convaincre de nos assertions : nous pouvons l'assurer qu'il a été mal renseigné, quand il annonce que les vins muets de Marseillan sont destinés à bonifier les petits vins blancs du Bordelais; nous croyons pouvoir assurer que ce mélange est sans exemple.

---

(1) Pendant le système continental, on a beaucoup muté de vins doux pour en obtenir des sirops; mais heureusement nos raisins ne remplacent plus le sucre des colonies.

Enfin, l'influence de l'air atmosphérique, ou bien l'influence de l'oxygène sur la fermentation, n'a pas lieu à une température très-basse : de même que l'oxygène opère la décomposition et la putréfaction des corps à certaine température, et n'agit plus sur eux à une température très-froide ; puisque des corps d'une nature putréfiable se conservent sains et entiers dans la neige, dans la glace, pendant des temps inconnus, de même aussi pour la fermentation vineuse l'oxygène non-seulement n'opère plus, mais le mouvement fermentatif se supprime dès que la température du liquide en fermentation s'abaisse et se soutient indéfiniment à zéro et audessous du thermomètre de Réaumur. Voyez l'expérience 5.me de Fabroni.

Nous ne croyons pas nécessaire de nous étendre sur les avantages qu'il y a de couvrir les cuves, en laissant toutefois un moyen de dégagement au gaz acide carbonique, par le moyen d'une petite ouverture pratiquée dans la couverture supérieure ; nous avons assez fait ressortir les inconvéniens du contact de l'air sur le chapeau de la vendange, pour répéter ici que le vin pendant la fermentation ne peut que gagner, en soustrayant la masse fermentante à l'action et à l'influence acétifiante et putrescible de l'air sur les parties solides du chapeau.

Nous n'avions eu dans le commencement que le projet de nous occuper de l'appareil vinificateur, afin d'éclairer les agriculteurs sur le mérite et les avantages prétendus de cette invention.

Successivement aidés et encouragés par les conseils d'amis très-instruits, qui nous représentaient combien il existait d'erreurs œnologiques dans l'opuscule de M.

Gervais, nous avons cru qu'il pourrait y avoir quelqu'avantage pour l'agriculture de nous livrer à l'examen des questions traitées dans les huit premiers chapitres de l'ouvrage que nous venons de nommer.

Mais en nous renfermant dans le cercle que nous avait tracé le texte de ces huit chapitres, nous avons été forcés de négliger plusieurs questions très-intéressantes sur une science qui est incroyablement en arrière, comparativement à beaucoup d'autres.

Notre intention est de continuer à nous livrer à l'étude de ce qui est relatif à l'art de faire le vin et de le conserver. Un intérêt majeur nous en fait la loi.

Nous essayerons, s'il nous est possible, de revenir sur toutes ces questions; mais nous y reviendrons plus forts de pratique, plus riches en faits et en expériences, lesquelles sont incomparablement préférables à toutes les théories.

Nous recevrons avec reconnaissance les renseignemens utiles que les agriculteurs et les hommes amis des progrès des sciences voudront bien nous communiquer, et nous nous empresserons de convenir franchement des erreurs dans lesquelles nous pourrions être tombés.

FIN.

Motifs et description de la cuve proposée par M. Goyon de la Plombarie.

« On peut assurer, dit-il, que si nous n'avons pas des vins aussi parfaits que le cru du terroir le comporterait, c'est faute d'avoir examiné ce qui peut contribuer à lui donner ce degré de perfection suivant sa nature.

Je crois avoir démontré d'où proviennent les défauts de la plupart de nos vins; ils sont occasionés,

1.° Parce que la liqueur, en fermentant, n'agit pas sur toute la vendange;

2.° Parce qu'une partie du marc s'aigrissant, attendu qu'il reste à sec, communique au vin une partie de son aigreur, qui devient un levain capable, dans la suite, de causer de l'aigreur dans toute la masse;

3.° Que la plupart des parties volatiles les plus spiritueuses s'exhalent et produisent un affaiblissement considérable dans la liqueur.

Au moyen de notre nouvelle cuve, on donnera aux excellens crus des degrés de qualités qui surpasseront ce que nous avons vu jusques à présent, et les crus de médiocre qualité en acquerront beaucoup. »

Description de la nouvelle cuve.

A B C D est la cuve qui est posée et soutenue par les chantiers E F D C; la partie G H A B, qui est faite comme un cône tronqué et environné de bons cercles de fer, est encastrée dans les bords de la cuve A B par une rainure marquée N, fig. 2 : O marque un côté de la douve de la cuve, et P montre un côté de la douve du cône tronqué.

Les cercles A B, en serrant les douves de la cuve, serrent en même-temps celles du cône tronqué.

L'ouverture G H qui est au bout du cône, a un demi-pied de diamètre; il y a en dedans du cône une table L L, ou fond mouvant percé d'une grande quantité de trous de cinq lignes de diamètre chacun, que l'on suspend dans la cuve avec une corde avant que de placer le cône.

On se sert d'un grand entonnoir pour vider le mout et le marc du raisin; lorsqu'on a mis dans la cuve toute la vendange, qui ne doit jamais monter plus haut que vis-à-vis les cerceaux M M, on tirera le fond troué, afin d'en couvrir toute la vendange quand elle montera, et l'obliger de se tenir dans la partie M M tandis que le vin fermentera. Comme cette fermentation fera augmenter le volume de la liqueur et renfler le marc, le vin recouvrira le fond, qui ne pourra pas monter plus haut que L L : au moyen de quoi, toute la vendange trempera dans le vin pour recevoir les esprits que la fermentation fait exhaler.

On mettra au-dessus de cette cuve un casque ou chapiteau I, à peu près semblable aux casques dont on se sert pour la distillation, un peu pointu vers sa partie supérieure, fait en forme de cœur, et replié en dedans vers son milieu pour recevoir les esprits à mesure qu'ils seront condensés; lesquels couleront alors par le petit tuyau recourbé K, qui les verse dans le goulot H, auquel aboutit l'extrémité d'un tuyau qui ramène ces esprits jusqu'en B, où ils rentrent dans le tonneau d'où ils étaient sortis, et se mêlent de nouveau avec toute la liqueur. Comme ce petit tuyau recourbé K ne bouche pas exactement le goulot H, il reste assez d'ouverture pour donner issue à l'air lorsqu'il se dilatera, et empêcher qu'il ne cause aucun fracas.

Le collet du casque, qui entrera dans l'ouverture du cône tronqué, sera bouché hermétiquement avec de la cire vierge qu'on aura mêlée avec un peu de saindoux pour la ramollir, afin de pouvoir s'en servir à boucher toutes les jointures.

Cette nouvelle cuve répond à toutes les opérations que la liqueur fait pour s'amalgamer, mélanger et façonner toutes ses parties spiritueuses, sans qu'il en échappe.

Les esprits volatils, comme on voit, retombent dans la masse de la liqueur par le moyen du casque et du tuyau recourbé; le vin qui imbibe toute la vendange contenue dans la partie M M en détache les particules qui servent à le colorer et à lui donner de la qualité. S'il y a plus de liqueur qu'il n'en faut, elle remonte par-dessus le fond mobile, qui est tout criblé de trous faits exprès pour lui laisser un passage libre par où elle peut remonter dans le cône tronqué.

Le casque qui reçoit la vapeur spiritueuse, étant plus froid que l'air qu'il y a emporté, la condense et la précipite vers le rebord, qui la ramène par le tuyau recourbé K dans le goulot d'un autre tuyau qui la rapporte dans l'intérieur de la masse d'où elle était sortie, et ainsi rien ne se perd. »

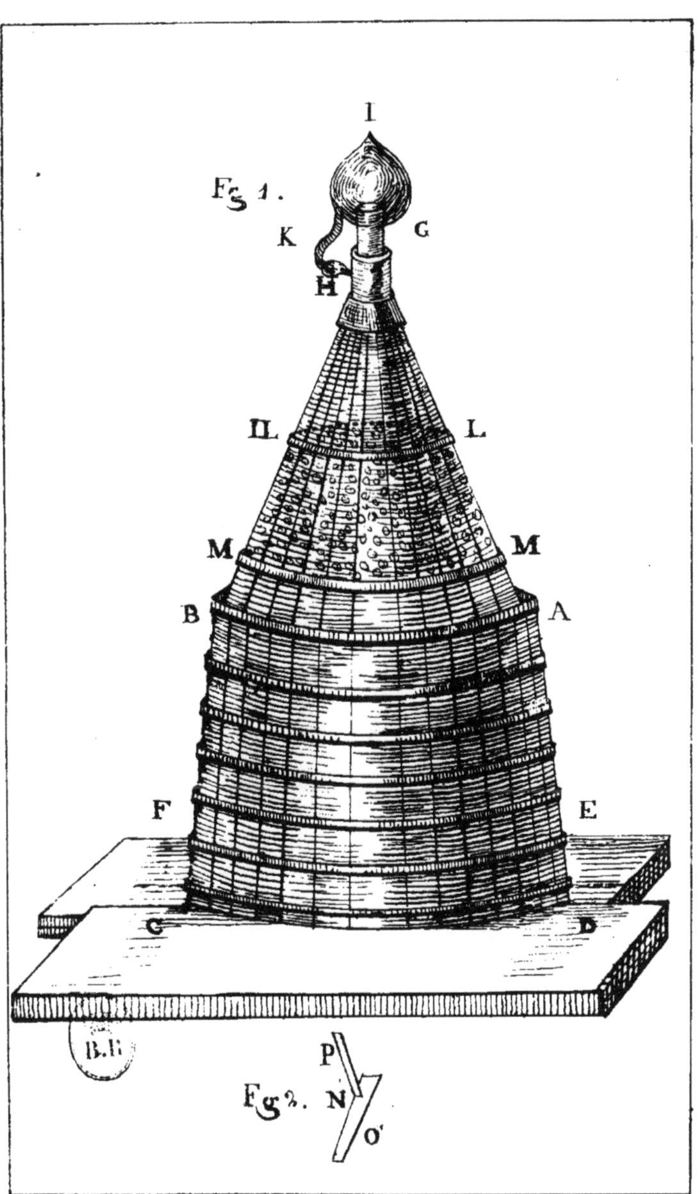
I
Fg 1.
K
G
H
IL
L
M
M
B
A
F
E
C
D
P
Fg 2.
N
O

TABLE

Des chapitres contenus dans l'ouvrage.

ERRATA.

Page 9. *Levures*, lisez : *levure.*
— 18. *A la une 1500.e*, lisez : *à la 1500.e*
— 31. *Il ne donne*, lisez : *ne donne.*
— 45. *Effusion*, lisez : *diffusion*, lignes 2 et 18.
— 48. *Effusion*, lisez : *diffusion.*
— 54. *Voyez la note, page 90*, lisez : *voyez la note, page 90 de l'opuscule.*
— 61. *Ascessence*, lisez : *ascescence.*
— 62. *Ascessence*, lisez : *ascescence.*
— 62. *D'un sixième et d'un septième*, lisez : *d'un sixième à un septième.*
— 92. *Nécessaire de ce ferment*, lisez : *nécessaire de ferment.*
— 116. *Le départ de la séparation*, lisez : *le départ ou la séparation.*

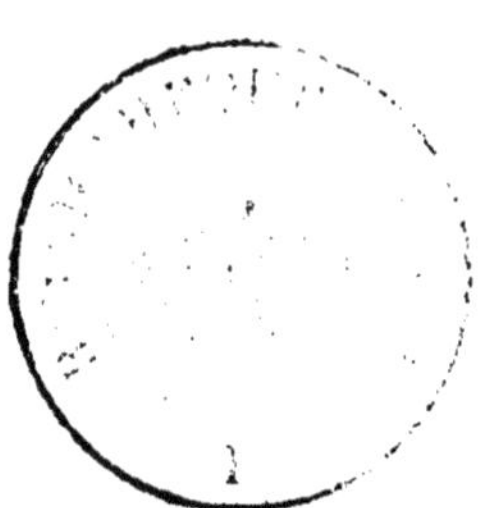

www.ingramcontent.com/pod-product-compliance
Ingram Content Group UK Ltd.
Pitfield, Milton Keynes, MK11 3LW, UK
UKHW021149260726
13994UKWH00001B/359